馔工厂

[德] 恩斯特·A. 格兰蒂茨 编著

张雯婧 刘轶 译

2112
一 百 年 后 的 世 界

中国友谊出版公司

图书在版编目（CIP）数据

2112：一百年后的世界 /（德）恩斯特·A.格兰蒂茨编著；张雯婧，刘轶译. -- 北京：中国友谊出版公司，2020.7

ISBN 978-7-5057-4936-8

Ⅰ.①2… Ⅱ.①恩… ②张… ③刘… Ⅲ.①未来学－通俗读物 Ⅳ.①G303-49

中国版本图书馆CIP数据核字(2020)第105333号

著作权合同登记号 图字：01-2020-4957

Published in its Original Edition with the title
2112, die Welt in 100 Jahren by Ernst A. Grandits
Copyright © 2012 Georg Olms Verlag AG, Germany
This edition arranged by Himmer Winco;
for the Chinese edition: Creative Art times International Culture Communication Company

本书中文简体字版由北京Himmer Winco永图奥码文化传媒有限公司独家授予北京创美时代国际文化传播有限公司

书名	2112：一百年后的世界
作者	[德]恩斯特·A.格兰蒂茨 编著
译者	张雯婧 刘轶
出版	中国友谊出版公司
发行	中国友谊出版公司
经销	新华书店
印刷	唐山富达印务有限公司
规格	880×1230毫米 32开 8.75印张 177千字
版次	2020年11月第1版
印次	2020年11月第1次印刷
书号	ISBN 978-7-5057-4936-8
定价	58.00元
地址	北京市朝阳区西坝河南里17号楼
邮编	100028
电话	(010) 64678009

版权所有，翻版必究
如发现印装质量问题，可联系调换
电话 (010) 59799930-601

目录

恩斯特·A. 格兰蒂茨（Ernst A. Grandits）
01　导论：2112——过去、现在、未来……

哈拉尔德·韦尔策（Harald Welzer）
001　人人追求机遇，人人探寻潜能：22 世纪的世界社会

莱纳·芒兹（Rainer Münz）
019　老年世界：21 世纪后期和 22 世纪前期的人口状况

诺伯特·波尔茨（Norbert Bolz）
027　百年后的媒介

哈乔·库尔岑贝尔格（Hajo Kurzenberger）
045　百年后的戏剧

马库斯·亨斯特施莱格（Markus Kurzenberger）
059　百年后的遗传学

汉斯约格·库尔斯特（Hansjörg Küster）
071　百年后的环境

维尔纳·乌彻（Werner Wutscher）
087　百年后的饮食

克劳斯·莱格维（Claus Leggewie）
099　百年后的政治

彼得·卫博尔（Peter Weibel）
111　百年后的 Exo 进化

玛莲·施特蕾露维茨（Marlene Streeruwitz）
117　百年后的"女性"

赫尔弗里德·明克勒（Herfried Münkler）
127　百年后的战争

寇奈莉娅·萨博－科诺迪克（Cornelia Szabó-Knotik）
139　百年后的音乐

格奥尔格·冯·瓦尔韦茨（Georg von Wallwitz）
147　百年后的经济

君特·格鲍尔（Gunter Gebauer）
157　百年后的体育

瓦西尤斯·特纳基斯（Wassilios E. Fthenakis）
173　百年后的教育

弗兰茨·M. 乌克提茨（Franz M. Wuketits）
191　百年后的医学

施黛拉·罗琳（Stella Rollig）
205　百年后的艺术

海纳·蒙海姆（Heiner Monheim）
213　百年后的交通

阿道夫·霍尔（Adolf Holl）
231　百年后的宗教

乌利希·瓦特（Ulrich Walter）
235　世纪奇观

格奥尔格·鲁伯特（Georg Ruppelt）
251　谈判：一则 2112 年的侦探故事

导论

2112——过去、现在、未来……

恩斯特·A.格兰蒂茨（Ernst A. Grandits）

> "未来就如同一个忘恩负义之徒，在享受着人们关切的同时，只会带给人们痛苦。"
>
> ——约翰·尼波穆克·内斯特罗伊
> （Johann Nepomuk Nestroy）
> (1801 – 1862)

本书实际上是一本克隆书。当读到1910年出版的《百年后的世界》这本书的再版时，我便被这本集智慧之大成的作品集深深地吸引了，并且该作品集的问世和再次引起的关注也鼓舞了评论家和包括我在内的读者。于是我便产生了效仿这位活跃于柏林的维也纳记者阿图尔·布雷默的想法,邀请各位思想家来再现这样一本集智慧之大成的作品集。乔治·奥尔姆斯（Georg Olms）出版社对于这个项目也十分感兴趣,所以现在才有了《2112：一百年后的世界》这样一本仿制的作品集。约瑟夫·博伊斯的一句话一直以来是我内心的座右铭："我们所向往的未来须由我们亲手去创造,否则我们得到的只会是那个不向往的未来。"而现在,结果就产生在我们手上。布雷默作品集的续集前言中写道："有史以来人类都无比渴望能够掀开未来的面纱,窥探时间的奥秘,但是当未来和时间最终成为现实时,一切却早已物是人非。于是预言家和先知便出现在我们面前,他们或真或假,或是空想家或是思想家。是人类自己播下了现在成为未来的种子……"

　　本书作者的文章并不雷同于古典的未来预测,更像是针对时间预测而进行的一场辩论,由此来一步一步达到自己的目的。当然,这样可能会不断遭遇很多矛盾的情况,因为"世上本没有什么过去、现在和未来,这些不过是人类的创造品罢了,是人类用来描述不同行为的结构化概念",这是导演汤姆·提克威（Tom Tykwer）说过的一句话。他对这些情况了如指掌,他认为,同这些变化空间打交道,如果连在过往的问题上人类都无法统一,那么在未来问题上也会表现出相似的矛盾立场。"科技能够战胜所有的困难,这已然成为可能",20世纪初期便有这样的说法,时至今日,我们依然把希望寄托于技术能够缓和我们对于这个星球的剥削和掠夺。这表明了人类的心理和生理发展不仅是滞后的,而且总是被迫地努力去改变去适应。无论如何,对于最为坚决的卫道士来说有一点是毫无疑问的：只有意识的转变才能最终使得我们的生存空间——地球——幸免于难。

当阿波罗号的宇航员第一次从外部，即从"一个更高的出发点"来拍摄地球时，产生的不仅是一张图像，同时，也给人们留下了这个蓝色星球是如此脆弱而美丽的印象。这张地球的图像从根本上激发和促进了环保运动的开展，各种各样的象征将复杂的情况集合并最终简化为一个标志。现在并没有一种无所不含的图片能够单凭一张简单的图来展示目前所有的复杂局面，对于百年后的世界也不能一言以蔽之。为乔治·奥尔姆斯出版社的再版书写前言的乔治·鲁伯特（Georg Ruppelt）以一则幻想未来的故事为《2112》收尾。我十分感谢保罗·海涅曼（Paul Heinemann）编辑富有创造力的合作。如果百年之后再次制作这样一个作品的话，到时候后世人会笑得更宽容。如果他们阅读了我们的文献，并尝试着对人类复杂的发展过程做一个公正的评价，那么他们就会得出类似于我们和维也纳讽刺作家约翰·奈斯洛伊（Johann Nestroy）对布雷默之书和《2112》所做的一样的评价："人类进步的特征就是，他看起来要比他实际上更伟大。"

恩斯特·A. 格兰蒂茨（Ernst A. Grandits）

编者

哈拉尔德·韦尔策（Harald Welzer）

2112

人人追求机遇，人人探寻潜能：
22 世纪的世界社会

1. 复活节岛

大约100年前，贾雷德·戴蒙德（Jared Diamond）出版了一本书，这本名为《崩溃》(*Kollaps*)的书成为全世界范围内的畅销书。其中，戴蒙德通过研究社会失败的原因最终得出了一个令人沮丧的结论，即这些失败的社会都具备一个共同特点：如果他们的某些生存条件发生了恶化，可能是气候变化或者自身原因而造成了环境破坏，那么他们会继续强化那些曾经使他们成功的策略。所导致的结果就是加速了其自取灭亡的进程：如果土壤已经受到了破坏，那么他们会缩短种植周期，企图来获取曾经巨大的收获；如果石油几近枯竭，那么他们就会转而利用铤而走险的石油开采技术，冒着极大的污染风险来进行深海钻探，或者付出极高的环境代价来进行油砂开采，最终都是为了获取自以为的生活必需品。不，我必须修正一下，在戴蒙德时代，21世纪增长型经济的失败还未出现；这本书出版的时代，正是资本主义社会在面对气候变暖、世界经济危机和金融危机等问题时，对未来的心态由确信转变为消极恐惧的时代，并且之后这种情绪愈演愈烈。请允许我在此更多地介绍一下戴蒙德的观点。为了说明社会的失败，他举的最令人印象深刻的例子就是历来饱受环境历史学家赞誉的复活节岛：置身于这样的一个岛屿就像置身于实验室一样，在其中能够研究一个社会是如何并且为何走向灭亡的。此过程完完全全排除了外部的影响，一切发展变化都来源于自身。很明显，原因就在于这种曾经成功促进当地居民发展的文化模式已经无法再适应改变了的世界。

在 21 世纪中叶海平面尚未大幅上升时，复活节岛与最近的大陆南美洲相距 3500 千米，大约在公元 9 世纪可能有波利尼西亚人定居在岛上，他们是建造航海独木舟和导航的好手，曾历经半多个世纪的繁荣和昌盛。直到贾雷德·戴蒙德著书之时，该岛还是存在的，借助生物考古学研究能够对当初岛上的植被、土壤性质和居民的饮食习惯等进行追溯。贾雷德·戴蒙德在书中写道，这些生物考古学的研究结果表明，同其他波利尼西亚人定居的岛屿相比较，复活节岛并不具备最佳的生态条件，但是足以供养 2 万到 3 万这一数量庞大的居民人口，这些居民分成了 11 到 12 个氏族，都由各自的酋长带领。

岛上最初由 21 种棕榈科的植被覆盖，有两种尤其高大，其中之一更是能生长至 30 米高。这两种树不仅适合建造房屋，而且适合用来建造大型独木舟。岛上生长有 25 种鸟类；岛上居民除了以种植在地里的庄稼为食，还进食鸟类、海豚以及当初跟随移民一起来到岛上的老鼠的大量子子孙孙。

复活节岛社会的黄金时期大概出现在 16 世纪；此时的建筑数

量达到顶峰，直至18世纪，建筑数量跌落至当时的30%。复活节岛是一个神权政治的社会；首领享有类似于神一样的地位，同时履行同其他波利尼西亚社会一样的大祭司责任和职权，作为人类和神灵之间的中间人来调解氏族、首领和居民之间的关系。不同寻常的是，这些社会关系都稳定地维持了长达几个世纪之久。从历史上来看，复活节岛具备了作为一个中等天堂的特质，然而当18世纪第一批欧洲人——包括库克船长——踏上这个岛屿时，呈献给他们的简直是一幅令人难以置信的景象。这片土地上已经完全失去了植被覆盖，人迹罕见；1774年库克说道，只有少数的居民"矮小、瘦弱、胆怯而困苦"，除了老鼠和鸡以外岛上不见有其他的动物。而更离奇的是岛上分布着成百的石像，其中部分石像十分高大，大部分石像已经遭到毁坏，它们中的许多高达6米，重达10吨，其中最大的石像高达21米，重达270吨。

在一个采石场，人们发现了大量尚未完工和已经准备运送的石像，那么问题在于，这些居民是如何挪动并安放这些如此巨大的石像的，很明显这里没有丝毫迹象表明岛上还有木材能够用来完成相应的工程。考古学的研究表明，这些巨大的石像是用来展示和区分不同的氏族和首领，并且在相互竞争时用以展示自身最强壮的形象；不同历史年代的不同石像表明了这几百年间石像的尺寸在逐步增大。

考古学上进行的追溯表明，岛民——另外考虑到岛上夜以继日的石像建造工程——很有可能对他们的生态资源进行了竭泽而渔式的掠夺性开发。迹象表明棕榈林的砍伐自9世纪第一批移民到来时就已经开始了,最晚一直持续到17世纪才结束。棕榈树材尚且充沛之时的确用处良多:用来生火和做饭,制作木炭,作为房屋、独木舟的建筑材料,以及应用于运送及安放石像的工程中。

贾雷德·戴蒙德写道:"复活节岛展示了一幅场景,这个场景描述了整个太平洋区域中森林毁坏的一种极端情况,就森林毁坏的程度而言,整个世界也再无法找到能与之相提并论的情况。随之产生在岛民身上最直接的后果就是原材料和食物数量的极度匮乏,农作物产量锐减……当大型木材和绳索消耗殆尽之时,石像的运输和安放工程就被迫停止了,与此同时停止的还有航海独木舟的建造。"在这样一个与世隔绝的岛上所出现的资源短缺是无法获得外部补偿的;捕鱼几乎是毫无希望的,而多风的岛上因为森林砍伐造成的水土流失也使得农业生产每况愈下。没有了木材也就没有了燃料;在冬季,居民们燃烧掉了最后的脂肪和草料。甚至对于死去的人来说毁灭也意味着转变:因为没有木材用来火葬,所以人们将死者做成木乃伊或者选择土葬。

很明显,生存机会的缩减必然会加剧对仅有资源的争夺——所有层面的资源:食物、建筑材料、技术和群体象征代表。如果需要一个生动的例子来说明人类不仅以面包为生(特别是当他没有面包时),那么复活节岛上的居民则提供了这样一个活生生的例子。在此人们看到了一个独特的文化实践,即使冒着自暴自弃的风险最终也并未遭到抛弃。顺便说一下,这并不是复活节岛岛民的特色——早前在西方国家,羞耻心能够让人们通过点燃房屋来自杀,因为他们觉得不能赤身裸体地在街上奔跑。

即使在涉及自身生存这个问题时，通常文化社会、情感和象征因素也要比生存本能起的作用更大。复活节岛上的居民以参照系为导向，这种参照系使得他们无法看见灾祸的发生，就好像他们已有的文化感知形式阻碍了其他潜在的文化感知形式，让置身其中的人们完全无法认识到他们潜在的行动可能性，通过这种方法人们最终成了他们自己生存技巧的囚徒。

复活节岛的这一案例，为解答感知问题对于人们做决定具有何种重大意义这一问题带来了启发：此外，感知到的问题能够最大程度地进行实际转化，并最终催生出一项解决方案。复活节岛文化的终结实际上就是社交性的终结：一场残酷的战争。主要由岛上森林砍伐导致的资源冲突最终造成了幸存居民的自相残杀，这一点可以从带有人类牙齿痕迹以及断裂的骨头（为了取得骨髓）上看出。不只是考古学证实了当时末日的自相残杀，这些场景也大量出现在岛民的口口相传中。生态上的崩溃不只导致了土壤流失，而且带来了社会侵蚀。

最终各位首领和大祭司被军事领袖推翻，之前的11个或12个氏族联合成两个相互对抗的集团，很多居民出于防御的目的搬到洞穴中，不再建造新的石像，而且还推翻并摧毁了敌对者竖立的石像；曾经用来建造石像底座的石板现在被用来对洞口进行防护。一个集团为了防御另一个集团的进攻，通常都会挖掘壕沟作为战略防御工事，这个壕沟会形成一个半岛；作为一项末期的技术革新由黑曜岩作为矛头的材料使得武器更具致命性。简单地说：这个岛以一种令人难以置信的毁灭状态没落，几乎不再存有任何生存的可能性。军事历史学家约翰·基冈将其称为一场绝对的战争，这场战争最先从政治的终结开始，之后是文化，最终是生命的终结。

这场发生在岛上的实验排除了外界的影响，所得出的最终结果就是人类作为最后仅剩的资源也消耗殆尽。战争之后幸存的少部分人中的绝大多数，都在 18 世纪经由秘鲁商人之手被贩卖为奴。

2. 一切都在变好

《崩溃》的问世并没有被人们理解为一种对末日世界景象的描述，而是作为一种以史为鉴规避失败的指南，在其出版几年之后，史蒂文·平克（Steven Pinker）写作了一本十分有趣的以"暴力"这个题目为对象的作品——恰恰与当时主流的歇斯底里症和 20 世纪出现的"人祸"凶兆相反（特别是第一次、第二次世界大战和大屠杀）——并记录了全球范围内暴力水平的持续下降。虽然少数极端暴力情况的爆发阻碍了不断发展的文明进程，但是数据却显示了暴力牺牲人数正在随着教育程度、性别平等尤其是国家政权的发展有规律地减少。平克书中的死亡率显示，在非独立政权社会，每年每 10 万人中就有 500 个受害者，而在 21 世纪的西欧，每年每 10 万人中仅有 1 个受害者。平克将他的数据嵌入到早前社会学家诺贝特·埃利亚斯（Norbert Elias）提出的文明进程理论中，这一理论早在 20 世纪 30 年代就已经表明了，经过对历史进程进行长期考察之后所取得的结果是完全不同于只对具体事件进行考察所得出的结论的，虽然这些具体事件在当时作为突发性的暴力事件规模巨大,但从另外的角度来观察就会发现,这些事件并不影响未来会减少使用武力的基本发展方向。如此来看的话,"二战"期间,相比于当时世界23亿的总人口规模(1940年),死亡人数5500万的数据将不再是一种数据困惑。20世纪所有的战争直接和间接地造成了1.8亿人的死亡,占本世纪总死亡人数的3%,而该比率在之前的近现代社会中则高于13%,由此可以认为暴力规模已经有了大幅度的下降。

平克的书全面且有理有据地证实了未来乐观主义,但也确实忽略了两个方面:首先,诺贝特·埃利亚斯认为,去文明化的深化过程是有可能发生的,也就是说,他认为文明进程的发展方向并非是不可逆转的。另外,实例证明暴力水平的降低是发生在世界人民中的,他们的平均生活标准都得到了持续提高。随着财富的增加,世界愈发变得平和,除此以外这种平和的产生也基于资本主义经济模式在全球的扩张,资本主义经济模式通过永久增加能源投入和资源消耗方式来提高生产力,进而提高了富裕程度。当地球上供养文明机器的资源仅供相对少数的居民使用时,这种模式尚且运转良好;但是当资本主义的经济增长模式在全球开始扩张并带来了全球化时,则出现了资源过度使用急剧加快的情况,这就通过变化的事实反驳了平克相关的学术分析:因为文明化进程原则上是以资源的无限可用为前提的,在这样的前提下,才有可能通过经济增长来实现富裕程度的增加,但是当出现资源不够所有人消耗的状况时(要确保每位地球居民拥有一种富足的生活,那么这个时刻的到来将比预计的时间早得多),文明进程就会翻转,暴力就会卷土重来。

3. 复活节岛般的世界

渐渐地，世界就毫无预兆地变成了一个大型的复活节岛：因为就像研究社会失败案例的小实验室一样，全球化的世界并不能从外界获取居民赖以生存的资源。但是令人感到遗憾的是，复活节岛的岛民在自绝于一场绝对战争之前毕竟还曾坚持了900年，而资本主义世界的人民却仅用了300年的时间。但是两者之间是存在着三个共同点的：首先，他们都没有及时认识到生存条件发生了根本性的改变；其次，他们企图通过强化曾经带给他们成功的策略来进行自救；第三，当这些策略都陷入僵局时他们都会付诸暴力。毁灭之前的文明进程是以利用充分的全球资源来提高生活标准作为前提的；而现在出现的去文明化的原因在于，资源越来越快地被人类消耗殆尽，虽然并非所有资源都在以相同的程度在同样的时间被耗尽，但是于事无补，唯一的结果就是根本无人能够意识到真正发生了什么。

人类生存团体所具备的一个特点曾让他们在过去的20万年间取得了非凡的成功，即他们所具有的无限适应能力。即使在22世纪的今天，生活条件和生存条件相比21世纪发生了彻底的改变，人类还是能够适应他们所处环境提供的条件。因此从来都不存在"人类"灭绝的危险。然而，这只是人类一厢情愿的末日幻想，这种幻想以不同的形式自打人类诞生以来贯穿了人类整个历史：

从《约翰启示录》一直到21世纪所谓的世俗科学描述的末日景象。之所以称这些景象是人类的一厢情愿，是因为这些景象只是助长了人类自我安慰的设想，人们以为世界终会毁灭，但人类却能全身而退。人类只有在自己死亡而他人尚存时才会感受到生命有限的威胁。如果所有人都死亡了，那么这对自己而言则是生命最好的结局，即使人类不再存在了也并不会错过什么。然而十分遗憾的是，真实的末日会持续很久，作用到每个人身上都是不同的，所以大多数人都丝毫没有意识到末日启示录正在上演。

对于末日的忽视是人类进化过程中形成的颇有实用意义的适应能力所带来的副作用，环境心理学家将这种在21世纪初才被描述的现象称为"基线偏移"：人类生存的世界处于缓慢变化的过程中，因此人类对于世界的感知也能顺利地根据变化而进行调整。但是人类的感知无法准确定位需要自动校准的参照点：此时此刻正在发生重大的变化，而只能在事后通过持续的调整来终结不断得到证实的判断：哪里存在什么危险，一切都还是照旧。哲学家君特·安德斯（Günter Anders）早在1960年就将其命名为"末日失明"，并且指出通过技术武装的人类似乎显得无所不能，他们越来越多地"制造"，却没有"意识"到正在层层累积的风险，仅仅在特殊情况下才能预见到隐藏在冒险行为背后产生的中长期后果。然而十分遗憾，君特·安德斯是正确的：如切尔诺贝利、福岛和捷克铁姆林核电站泄漏事故等巨大的技术灾难并不能使人类脱离他们无法被满足的能源饥饿，就像不能使瘾君子离开针管一样的道理；就算是由于海洋过度捕捞而造成的逐步扩大的蛋白质缺乏和一些地区水资源以及土壤资源的极度匮乏也无法让人们意识到世界末日的来临。死去的只是那些已经死去的人，其他人有幸生活在尚且不存在资源匮乏的地区则继续活着，不少的人甚至过着奢侈的生活，反正大部分的生活还是令人满意的。就像复活节岛一样，世界上的人口分成胜利者和失败者，不只社会关系会随着生存条件的变化而变化，就连是非判断、好坏行为标准和看法，也是事随世异，同时，对失败者付诸暴力的意愿则会增加。

4. 社会的毁灭

21世纪初，不同领域的科学家们警示"世界集团"，"地球界限"即生存必要的资源底线马上就要甚至已经被突破了。为了保护安全区域，他们进行了投票表决——主要目的是为了应对进一步的气候变暖、海洋过度捕捞或者土壤酸化——但此时却遇到了全球对更高富裕程度、更强流动性、更多肉类消费等需求更大的不和谐问题，也就是：恰恰在此时，所有人类未来富足生活的希望暗淡了，最终所有的人类共同选择了一条错误的道路。又或者：现代通信手段将人们对世界社会的幻想变为现实，而这个当下，世界社会又被分裂了。然而不幸的是，经济全球化正是在这样的条件下开始的，假定"世界社会"是以国家形式进行组织的，所产生的结果就是所有为了保护"公共利益"即公共资源如空气、土壤、水源等的方针，都会因为国家或跨国公司产生的个别利益而被破坏，甚至在国家政府政治活动的背景下，早已衍生出了经济专制团体，它由一个相当于150家企业那么强大的企业集团组成，这些企业主要来源于金融业和石油业，他们积攒了足够多的权力可以任意毁灭或繁荣宏观经济。经济专制发生的都是跨国行为；因此没有哪个国家能够与其抗衡。保持民族国家的表象背后隐藏的是世界权力关系发生了根本变化。政治科学和全体选民都没有参与其中，一些政治家也就当然置身事外了。

行进中的21世纪所发生的历史灾难，全都归因于人类肆无忌惮过度使用资源之后产生了全球化的后果，少数人享受因过度使用资源而产生的红利这个原则也比历史上任何时候都要强大而广泛。很讽刺的是，史无前例地提倡自私自利的经济原则成了"一个世界"的基础，却也顺理成章地毁灭了它，也因此有了20世纪经历灾难过后所制订的标准：人权——多有限制，且根据财产划分等级；选举权同样如此。

5. 失败的全球化

越来越多出于保护生物多样性、遏制气候变暖和拯救大洋的目的而举行的跨国会议造就了20世纪80年代到21世纪30年代间有关全球化的民间传说，这些使得世界成为一个社区。但实际上，社会学家拉尔斯·克劳森（Lars Clausen）在2010年其去世的当年就已经预言了，这只是一场"失败的全球化"。

现在正在发生的——更确切地说几乎无人认识到的——并不是几十年前因为因特网等"新型通信媒介"的发明而导致的世界

日益壮大的网络化，恰恰相反，是在问题中出现的"去网络化"。印度洋和太平洋区域洪水日益泛滥，南欧和撒哈拉以南的非洲沙漠化日益扩张，蒙古的永久冻土日渐消融，喜马拉雅山脉的冰川日渐萎缩，相应产生的社会结果也变得越发不可收拾：经济危机、边境冲突、急剧攀升的"环境"和"气候难民"导致国内和国外的冲突不断，争夺水源、土壤、稀土、石油、天然气、煤炭和钶钽铁矿等资源的竞争日益激烈，而早期提高国防支出且肆无忌惮地付诸武力的国家则占据了竞争优势。"冷战"占据了20世纪的三个10年，当时的世界被"铁幕"分裂，但事后再观察这段历史时反而会觉得当时的世界如此祥和。早在千年之交时，美国和欧洲一方面已经开始费力地修建边境安全工事来阻挡不受欢迎的移民入境，另一方面则通过残暴的手段来阻挡移民。那些21世纪新兴起的社会并没有什么意愿让其他人来分享他们新积累的财富，因此，他们也采取了相同的防御手段。在封闭的社区中也能找到分离"多余人群"的缩小版壁垒，"失败全球化"的受益者会将住宅区进行分区并通过严密且干脆的武力来进行防御。

在很多国家看来，世界越来越像20世纪末期的"失败社会"那样：政权的缺失和毁灭导致了国家武力垄断的缺失，这使得安全权力和制裁权力落入私人武装组织的手中：军阀、民兵、武装政权分子和不同类型的私人集团。其余的国家社会又都以中国和俄罗斯这样的一党执政政府或通过武装力量调解国内外武力关系的国家作为榜样，来进行独裁统治。尽管在21世纪初期，经过两次金融和经济危机之后社会发展已经趋于稳定，但是当经济发展处于不稳定时期时，要么民主政府因为选举下台、被国外的经济主体所代替，要么就是通过紧急状态法、紧急法令、专家理事会等手段逐步实现专制化。主要的政治理论家和哲学家将这种"民主"称之为晴天政府，只能在非危机情况下的发展和繁荣阶段才能行使职责。因为毕竟在持续的危机阶段——经济、生态、社会、政治和文化，费时且难以预计的民主流程一直都显得太过繁琐。为何在明明没有别的选择时还要对当前的解决方案斟酌再三？为何在本来就不足以满足所有人的需要时还要再次照顾少数人的利益？

由国家采取的安全措施产生的结果，尤其会导致那些被定位为"多余的人"的难民、社会异类，在实质上失去法人地位且无法再行使他们的公民权利。人们根据身世、种族、收入及财产或者阶层等级获得了根据不同水平享有不同等级权利的国家公民地位。

因此这些统治集团及其政府便拥有了20世纪极权统治者所不具备的优势：对所有公民进行全方位监控，所有事情都置于阴影之下，正如悲观乌托邦主义人物奥尔德斯·赫胥黎（Aldous Huxleys）或乔治·奥威尔（George Orwells）所刻画的那样。实际上并不存在"老大哥机关"这样一种外部监察系统。像谷歌和脸书这些提供各种信息的公司建立了迄今为止人类历史上最绝妙最庞大的监察系统，统治者仅仅需要持续地进行点击就能自动获得必要的数据。

脸书中的法西斯：脸书中的信息完完全全是透明的，每个人都泄露了如此多的个人信息。几十年来由谷歌和脸书所开发并维护的用户个人页面在民主失败的条件下将会产生不可估量却又性价比很高的价值，因为中间不再有当局的控制，而他们本能够限制新法西斯团体的信息需求。更有甚者，每一个网络参与者都成了他们的盖世太保，他们的话语、通知和取向判断再也不会丢失，他们所有的活动都是注册状态，他们任何的意图都无法掩盖。数据档案服务提供商为这些集团政府提供所有他们需要的，来自动地确定归属类别的标准。他们依据用户的偏好设置来决定，通过推送工作和消费品来提升用户满意度，或者建议不同的方式来隐藏这些推送。在一些较大的团体中需要通过强制手段来推广，但是大多数情况下都能得到多数人的认可。

通过这样的方式在国家内部就产生了极其不同且矛盾的关系，因此暴力程度也极大地提高了，21世纪初所达到的文明程度在今日却无法重现。此外，越来越频繁出现的极端天气也导致了暴力和掠夺等事件的发生，进而公民对安全的需求日益提高，他们委托私人武装集团、自卫队或者冷酷的打手集团和杀手来负责保护他们。如果人们能够付钱给这些暴力团伙，无论如何都助长了他们的壮大。

所有这些都消极地导致了国家之间的暴力因原材料竞争急速增长而升级。到21世纪中期非洲大陆将一半置于印度的庇护之下，一半置于中国的庇护之下，根据功能标准将不同用途的人口分成不同的地位和权力团体，但不变的是，钶钽铁矿、少数土壤、石油和其他能源都将在21世纪下半叶消耗殆尽。北美洲的情况也并无二致：传统的超级大国到21世纪50年代尚能维持统一；之后便会有越来越多的联邦州发起独立战争，分裂分子将会同俄罗斯、中国和印度进行结盟。美国最终会逐步收缩成一个由先前位于东海岸的联邦州组成的类似博物馆一样的核心区域，这个核心区域通过极高的防御支出才能确保如今日一样的领土安全，而这块领土百分之百由摩根大通所有。

相反，在欧盟则会更早发生类似的收缩过程；2020年，荷比卢经济联盟、法国、斯堪的纳维亚半岛和德国缔结为一个国家联盟，之后转变为一个联邦国家北欧罗巴，到2060年会演变为俄罗斯总督府。当然，这个过程绝不可能是一帆风顺的，预计到21世纪中叶将会有5亿人牺牲于独立战争、殖民战争、恐怖袭击和大大小小的长期战争中，但是相对于本世纪中叶即将增长到90亿的世界总人口规模来说，这个数据在统计学上并不具有太大的意义。此外，有些国家如朝鲜或者伊朗在21世纪30年代由于首次核打击而被取消联合国席位，到那时就不再存在对既有势力存在威胁的"离经叛道之社会"了，并且在全面了解每个个人的前提下这个世界也不再有"离经叛道之人"了，因为当他们意识到自己可能有反抗意图之前就已经失联了。

总而言之，在经过2050年西方世界秩序的迅速崩塌和世纪中叶彻底地去文明化（也被称作"复活节岛阶段"）过程之后，今日的世界处于一种大合并的超临界状态。巨大的崩塌同时也提供了一个崭新开始的可能性，大多数人看起来对于世界的这种合理安排是满意的，合理地确定了社会参与权并定期进行评估，人人都能够追求机遇，人人都能够探寻潜能。

虽然原材料一如既往地无法满足需求，但是自从可持续的范式成为分配不均的原则之后，未来的可持续发展就成了一种零和博弈游戏：如果资源消耗即将超出"安全操作空间"，那么就需要找出哪些消费群体以后只能得到更少甚至不会得到任何资源，这样才能够保证大约20%的公民能够持续地维持良好的生活。这种所罗门式策略的正式名称是"SF5"（可持续五因素），也俗称"可持续性黄金比例"。

无论是被统治者还是统治者，都认为这种国家和生活方式是理想、合理且文明的，而且，时至今日的2112年，和平已经统治了这个世界将近60年，这也足以证明这种方式所具备的功能性，并且所有的政治学家和历史学家都认为这种"全球战后时代"将会长久地持续下去。

但是21世纪初叶就已经预见到所有今日情形的观察者们，却不认为这是一种理想的发展趋势。如果他没有那么倒霉地在世界秩序的重建过程中被碾轧在历史的车轮下，那么他就会对自己说：事情本来也许会更糟糕。

哈拉尔德·韦尔策（Harald Welzer），生于1958年，在维滕·赫德克大学任教授，兼任埃森跨学科记忆研究（CMP）中心主任和未来基金会共同发起人兼会长，出版了大量著作，包括《气候战争——21世纪为何而死》（2008）。

莱纳·芒兹（Rainer Münz）

2112

老年世界：

21 世纪后期和 22 世纪前期的人口状况

我们从哪里来——我们要到哪里去？

东非是人类的起源地。大约在 10 万年前第一批现代人离开了非洲大陆，他们首先通过近东先到了亚洲，之后到达欧洲，最后来到北美洲和南美洲。当时所有人都从事着猎人和采集的工作。开辟的非洲以外的生存空间能够让他们收集到更多的食物来继续繁衍生息，尽管绝大多数人的寿命都不是很长。各种各样的自然灾害和饥荒总是威胁着人类的生存，也就是大约 5 万年前，人类才开始了持续至今的人口增长。

15000 年前，在我们的地球上已经生存有 500 万到 1000 万的人口了，当时，他们中的一些人迅速改变了生活方式，从居无定所的猎人和采集者转为农民和牧民。新石器时代的农民生产的粮食要比当时游牧民能够收集到的更多，借此越来越多的人能够得到足够的营养。农业和定居生活进一步刺激了人口增长，距今 2000 年前，地球上的人口已经增长到了 3 亿：比新石器时代初期的人口增加了几乎 40 倍。

后来的工业革命又带来了下一个巨大的变化。人们的身份从农民变成了提供公共和私人服务的工业工人和雇员。大约在19世纪，世界人口达到了10亿，人们对生活的期待开始逐步提高。越来越多的儿童和青少年能够顺利长大然后组建自己的家庭。

但是20世纪的结果是反常的。在1900年至1999年之间，世界人口翻了4倍，这种在百年之间人口得到如此迅速增长的情况在过去从未发生过，并且在未来也不可能再出现了。

曾经增长的世界人口而今正在经历老龄化和收缩化

如今，地球上生存着超过70亿的人口：这个数字比罗马共和国末期恺撒大帝时代的人口的20倍还多。21世纪地球人口的数量至少能增长到90亿，甚至100亿。但是最迟到21世纪的前半叶这种增长的趋势将会结束，在未来的100年间世界人口将会变得更少。

在世界的部分地区，这种人口收缩模式早已开始了，这些区域包括葡萄牙和整个南欧地区，以及巴尔干半岛和俄罗斯直到日本和韩国的广大区域，那里的居民人口正在逐年下降。德国和波兰同样属于有人口收缩趋势的国家。这种发展趋势在未来的几十年将会更加显著。中国的居民人口很快也将开始收缩，土耳其、伊朗、泰国和马来西亚等不同的国家也面临着同样的情形。

原因显而易见，自20世纪70年代以来每个家庭的儿童数量都在下降。20世纪中期，从全球范围来看，每名妇女平均生育6名儿童，时至今日这个数字仅为2.5。同一时期在欧洲这个数字由平均3名下降到了1.5名。现代社会中半数的家庭拥有儿童数量少于2名，在未来的100年里将会有90%的人类生活在这样的社会中，并且随着时间的推移这种发展态势会越来越明显。因为每个家庭中儿童和成年人数量减少，会有越来越少的人成为父母，因此代际之间的时间间隔会变得更大，新生儿也就更少。

与今日相比，未来世界很多地区的儿童数量会变得更少，年轻人的数量也会更少，并最终导致本地劳动力的数量减少。经过漫长的时间——大约60至80年后——年长者的数量也会变得更少。这样地球人口的全球性增长不止在21世纪末出现停滞状态，而且在未来100年里将一直呈现收缩趋势。

与此同时，我们则越变越老。排除夭折的例外情况，几乎所有的新生儿都能够顺利长大，而且成年人的寿命变得更长，因此世界人口作为一个整体正在经历老龄化的过程。这个过程反映在我们的预期寿命上，人类的预期寿命自150年以来变得越来越长，每天几乎增长6~7个小时，照目前的发展趋势来看，这种情况在未来几十年还会继续。

当然，这种发展趋势并不是完全整齐划一的。在非洲也还存在着这样的国家，那里的妇女在整个生命过程中平均会生育5个儿童，因此在这些区域还是存在着年轻且正在增长的人口——并且这种增长将会持续整个21世纪，然后非洲居民数量将会增长到20亿。今天那里的人口占整个人类的十分之一，同时将近三分之二的人口居住在亚洲。但百年后，将会有足足四分之一的人口居住在非洲，而亚洲人口则只占总人口的半数。欧洲人口——自1900年以来一直占据世界总人口的20%——将会在2100年仅占世界总人口的5%。

未来的老龄化社会

现在欧洲和日本的人均寿命为 80 岁,如果按照目前的增长速度,那么到 21 世纪末时,欧洲和日本的人均寿命将会达到大约 100 岁,50 岁以上的人口将占到总人口的半数以上。有些国家例如中国,这些国家的人口老化速度将会比欧洲更快,因为随着经济上的赶超,他们的预期寿命将会比我们预期的寿命提高更快。从数量上来看,到 21 世纪末则至少有 20 亿人口的年龄在 65 岁以上。

老年世界会彻底地改变我们的经济和社会。有更多老年人的社会意味着一个更保守、更规避风险的社会,在这种条件下要想实践创新就不再那么容易。未来的老龄化社会也因此有可能成为"慢"社会。退休保险、卫生系统的运行以及护理服务和移动帮助的组织将会构成日常和政治争论中相比于今天来说更为中心的焦点。同时,由于年轻人数量越来越少,他们已经不再能够从自己的孩子那里获得支持,所以未来的老年人需要更多地依赖机构提供的服务。

更长的预期寿命同样对劳动力市场产生了影响,因为教育系统所提供的具有新鲜知识的年轻人要少于退休的老年人。因此,当全体职工慢慢变老,劳动力人口整体老龄化,人力资本——在束手无策的情况下——会逐渐减少。可以预见到,人们在未来会有更长的工作年限。这种情况将出现在所有存在退休系统的发达国家,根据国家的不同和劳动力的实际状况,退休年龄将会设定在 50 到 65 岁之间。为了保持退休系统的运转，我们的孩子和孙子在21世纪晚期到22世纪早期平均都要工作到75岁，这就需要建立一个能够适应老年人且运作良好的劳动力市场，而这个劳动力市场的建立所需要的一系列前提条件是今时今日无法提供的。

当前我们的学校和大学教育的主要精力集中在18到25岁的青年和大学生身上，企业也主要投资在40岁以下雇员的继续教育中。而未来的老龄化社会却能使那些超过40岁的成年人也能够更轻松地获取新鲜的知识。此外，我们还需要新的不以年龄和工龄为判断标准的薪酬体系。因为按工龄来支付薪酬无法对年长的雇员起到激励作用，所以这种薪酬体系已经走到了穷途末路。在未来，工资和薪水将会更多地以员工实际带来的效益为导向。

最后一个产生的变化就是职业和事业规划将会以完全不同的形式出现，那些能够有效工作到70或者75岁的人必须保持身心健康，要想在所有职业和工作中实现这个目标是不可能的。因此，我们需要一个劳动世界能够实现和帮助我们从对身体或智力要求很高的职业中转换到适龄的工作领域中去。

中心增长——外围空虚

某些地区人口的减少虽然并不一定意味着住宅空间的减少，但是这种趋势也是十分明显的。人口从外围区域搬迁到人口密集区，因为那里具有更好的就业机会、更诱人的工作、更优质的教育资源、更有趣的文化活动，当然还有更优良的医疗保障。而且在那些时不时就要面临粮食短缺的国家,通常大城市的食物供给也要比农村地区更有保障。

年轻人是最先进行迁移的人群,由此大城市和城市中心聚集了更多的居民,与此同时还引进了人才和怀有经济雄心的市民。在那些人口增长停摆或者收缩的国家,人口由农村向城市的迁移也加速了老龄化和外围的空虚。相反,大城市由于获得了人力资本,所以当地经济的发展得到了促进——但也同时加剧了地区间的差距。在非洲、西亚和南亚也发生着类似的人口学变化。在那里,大城市的人口由于农村人口的迁移得以继续增长——但是并未出现像欧洲和北亚及东亚一部分区域预见到的那样出现了外围空虚。

未来社会面对的挑战是双重的。其一,我们和我们的子孙后代们必须克服大都市的进一步扩大,现在就已经有一半的人口生活在城市中,在未来的100年里将会有75%~80%的人口是城市居民。其二,我们必须解答一个问题:未来需要为那些人口越来越少的地区提供多少资源?答案很有可能是我们终究会在未来或明确或隐晦地决定"放弃"一些地区,即让他们听天由命。

移民带来的多彩性

自19世纪民族国家思想出现以来,欧洲、亚洲以及近东社会在民族、宗教和语言上变得更加同一化——多数派的统治地位得到强化,少数派(的地位)将逐步弱化或最终消失。众所周知的方式,即自愿或者被迫被同化,种族清洗,种族灭绝。传统的移民国家如美国和加拿大，1918 年之后也日趋同化。他们自 1918 年之后就关闭了接纳新移民的边界，或者仅仅接纳来自欧洲的移民。

20 世纪下半叶这种趋势又有所回暖。殖民时代末期，上百万的人口从非洲、加勒比以及南亚和东南亚移居到了当时欧洲殖民国家的城市中心，上百万移民被雇佣成为劳动力：最先在西欧，然后扩展到了海湾国家、马来西亚和新加坡，最后发生在南欧。传统移民国家的移民政策放宽了条件，自 1965 年起，来自世界各地的人都能够移民到美国；1973 年起澳大利亚也允许非欧洲出身的人移民到澳大利亚。

产生的结果就是发展中的世界成了更为"多彩"的社会，并且这种趋势正在不断加强，在美国和加拿大，亚裔、非裔和拉美裔已经占据了人口的多数；在欧洲，由于人口的减少和随之而来的劳动力缺乏，导致越来越多的非欧洲国家的移民来到这里。在 21 世纪，至少在几个大都市里非欧洲出身的人口将会成为人口总数中的多数。

未来 100 年，世界将会变得更加灰白，因为到时候会有相较于今日更多的老年人。不同出身的移民在未来会扮演更加重要的角色，至少北半球的社会将会比今日更加多彩。不仅更加灰白而且更加多彩——在颜色的世界中这种现象是不可能出现的，但是从人口学的角度来看，这将是我们的未来。

莱纳·芒兹（Rainer Münz）领导埃斯特集团的研究部，并且任职汉堡国际经济研究所（HWWI）的高级研究员。

诺伯特·波尔茨（Norbert Bolz）

2112

百年后的媒介

相较于以现代技术精神重新认知古代宇宙经验来获取的激进想法，马克思主义批评家瓦尔特·本杰明（Walter Benjamin）作品中的想法也不过激进如此。技术不再被理解为自然的主宰，而被理解为"生态学意义的"，即自然与人类关系的主宰。本杰明认为在后历史时期，即以最后一个人类灭绝为历史终结，是存在着惊人的转折的，即由此将会进入一个与技术结合的新时代。"人类作为一个物种经历了上万年才走到进化的终点；但是人类作为一个物种也一直处于进化的起点。人类在技术中表现为一种体格，在这种体格中人类与宇宙的关系相较于在民族和家庭关系中的形态进行了完全的重构。"

但是我们今日已经达到了这个目标。在新联邦时代，技术被当作社会的一个器官，而不再是人类的一个工具。集体组织具备一定的组织框架，具体表现就是集体组织具有培训方案和系列测试。智能圈中被解放的技术要求启用新的知觉和反映能力。对于本杰明来说这就是媒介的任务："使我们现时所拥有的巨大的技术设备成为人类神经能够支配的媒介。"本杰明当时想到的是电影，但是这种想法更适用于我们数字化的网络世界。

身份证、钟表和指南针存在于几世纪以前，当时还存在着报纸、图书馆和百科全书。而现在所有的这些我们早就可以通过个人媒体和社交媒体来取代了。在长距离通讯变为现实之后，现在短距离通讯的技术通过借助便携传感器和计算机也成为现实。人们自身携带着有关个人、工作、兴趣和偏好的信息，这些信息在群体环境中能够自然地与他人进行交换。如作为信息辅助工具的可穿戴设备就能很好地展示计算机如何从黑盒子成为可穿戴物并最终进化成可植入设备的过程。如今我们的世界边界不再由身体的界限决定，而是由媒体的界限决定。人类并不是自然界中与生俱来的物种，人类进化成人类的过程是在其媒体技术的支配中完成的。

把技术设计得让人欢迎——这是设计的任务。这个任务满足得越圆满，现代技术就越能够天衣无缝地与日常生活进行融合，这种情况下技术就会越来越接近我们的身体，一直到它们的载体消失不见。精神分析学家温尼科特认为这些小装置作为转换客体标志的是该过程的倒数第二个阶段。儿童房放置的电脑就形象地说明了这些边缘客体是如何自处于"生理"和"心理"以及"生命体"和"非生命体"之间的。交际技术不仅来源于使用者本身，也来源于外部世界。关系产物的连续性涵盖了从玩具、玩偶，到塔麻可吉和菲比小精灵，一直到我们日常生活中的机器人，无处不在。

只要能从以客体为中心的交际中得到补偿，没有人会因集体组织的减少而产生不满，几个世纪前人们将这一概念称之为社交网络。自我在以客体为中心的环境中通过两种形式得到加强：其一，社交网络由那些对同一种客体感兴趣而相互联系的人们来构建；其二，客体本身也能够变成交际伙伴。利用交际技术的目的在于创造关系产物，关键在于设计出那些发展关系需要的人为主观性。

媒体技术向来都是一种"社交工程"。这种技术与社会的协同进化最终导致了社交智能和交际技术、个人机器的产生。随身携带或可植入的计算机久已有之，它早已由一种外携设备演变为一种可植入设备。然而时至今日，机器人也已获得了一种生命，即它们能够作为社交主体出现，因此人类便发展出了一种面向媒体的社交行为。

今时今日，我们的社交伙伴已不再主要由人类构成，而是主要由客体构成，因此设计师便拥有了一个明确的任务：创造人类作为主观性而体验到的关系产物，其与儿童玩具类似的一点在于他们都是对交际技术的建构。这项设计任务不只涉及媒体的现实状况，而且还与生理上能够感知的新地点有关。技术在纳米尺寸上的趋同能够营造一种智能环境，即能够在公共环境中营造更大的用户友好性。自从微型计算机集成进入我们所有的日常物品中以来，我们就已经处于所谓的智能环境中了。今天我们将所有的日常客体进行联网以便持续地保持对其控制，不只人类处于"在线"的状态，人类的造物也一直保持"在线"。中继站融入了我们整个的环境，此即被称之为智能圈。

电影和电视等技术再现手段为所有人类提供了一个相同的世界入口，再者，我们通过模拟技术也实现了很多人实际上不可能体验的经历。经济学家将其视为媒体现实状况中的"地位性商品"

问题。虚拟现实是现代现实概念化的最终结果：模拟世界。数码媒体为我们提供了一个整体的现实，一个能够感知的"仿佛"存在的哲学。为此游乐园的"主题世界"和"装置的发明设计"作为日常出现的表象，能够与媒体现实和那些脱离了太多人情味的关系消费相匹配，这种关系消费曾被一位睿智的女性卡林·诺尔·塞蒂纳（Karin Knorr Cetina）称之为"客体社会性"。

数码世界界面的设计使得用户界面消失，或者至少让它们被遗忘。借此，我们在人类与技术的关系中就达到了沉思的对极——沉浸。这是同技术结成的新联盟，是瓦尔特·本杰明曾梦寐以求的集体技术的神经支配。今日每个人都是一名坐在各自万能机前的玩家，一种新的人造邪恶精灵在此遇到了甘愿被欺骗的游戏老用户。

因为万能机解决了现代世界的文明问题，所以我们被这个狡猾的恶魔彻底攥在了手心中。计算机和控制论的产生就是为了应对这种自工业革命以来产生的控制危机，社交网络是对全球化过程中产生的控制危机的应对，它们所应对的问题叫作复杂性。我们在几个世纪以前已经认识到，复杂性问题已经不能再通过教育来克服了，取而代之的则是以服务出现的智能模块化和以控制科学出现的控制论。当人们已经不能凭借判断力来对现代社会的复杂系统进行管理时，判断力能否被算法所取代的问题就出现了，这也是所有智能技术面临的问题。

对于社会科学来说，这意味着今天可以用电脑模拟来取代对社会现象的解读。一种社会体系理论的任务在于对人类行为进行数学建模并且借助计算机程序的帮助来对其进行模拟,其间并不需要心理学知识的介入。原则上说对于每个系统的每一次模拟,成功与否并不取决于人们能否发展出一套决定系统部件规则的理论。人们提取一个系统的信息越多,就越能轻易地对其进行模拟。真实的系统和模拟不是内部相似,而是外部雷同。我们对于真实系统的理解程度取决于我们对模拟进行的测试以及测试的变换,这正是社会计算这个概念所代表的:网络会解决那些个别人不曾面临的问题,我们社交系统的行为已经超出了人类理解的能力范围。

这就导致了另外一个结果的产生。自从信息的自由流动性变得比所有物质和能源问题更重要以来,这个问题已经摆脱了哲学家或者其他方面专家的控制而脱离了启迪思想的功能。信息流量增长得越多,对于被人类称之为意义服务的第二种新服务的需求就会变得越迫切。充足的信息和贫乏的注意力是这块奖牌的正反面。在今天,信息已经不再匮乏,但却缺失了明确的定位。我们不间断地发送、接收、存储和处理信息,我们已经嵌身于世界通讯中。我们的存在必然要承担的责任,就是无论何时何地都能保持联络。

通讯是一项要求甚高的工作,但是在今天,人们在地球的任何一个角落都能够实现并发送。因此,为了避免沉溺于如今的信息洪流中,我们需要为自己武装选择、过滤和评价的科技。现在我们已经知道了智能不过就是一种搜索技术,智能圈的人工智能能够通过流行度算法来进行设计。自从信息空间扩展到如世界一般,整个世界的人口都参与到了数字通信以来,人们便无法再把搜索同创造力区分开来。

用哲学来表达,即智能圈的本性既不主观,也并非客观,而是主体间的。智能并不是通过程序产生,而是由通信产生。那么,一次范式转移就由此诞生了:网络逻辑代替了人工智能。所有的知识和生活领域都有外行人的自组织来统治,这就导致了同专家知识相竞争的新看法。我们的哲学即多数人的智慧,所有人的智慧要高于每个个体。

天主教哲学家皮埃尔·泰亚尔·德·夏尔丹(Pierre Teilhard de Chardin)使智能圈成了一个流行的概念,并借此概念意指一种盘踞地球的世界精神,这种世界精神完满了人类的进化。当然,在20世纪20年代时这种理论还是一种完全的神学理论。但是到60年代时,马歇尔·麦克卢汉(Marshall McLuhan)对智能圈这一概念进行了继续研究,借此来描述一个新世界,其中媒体延伸了人类的感官和器官并为地球罩上了一层精神外膜。而今日,智能圈已经成为一种不言而喻的技术现实。

智能圈涉及了通信、参与和社区,这可由媒体现状的一般发展过程证明,即从信息开始,然后通过通信技术最终发展为所有人的参与。由此我们可以把马歇尔·麦克卢汉的著名句子"媒体就是信息"进行更新并就此明确:网络就是信息。网络公民的兴趣点不只在于信息媒体,而主要在于关系媒体,因此在21世纪,媒体网络作为一种新型社会财富的生产场所得到了认可。这种财富中所涉及的增加价值被称为"链接价值",产生于分享、赠予和连接这些典型的社交媒体行为中,因此,技术和社交贯穿了通信的整个过程,人们将其称作关系消费。同时,社交也成为一种消费媒体，体现在两个方面：其一，网络能够促进社交消费，也就是分享；其二，网络也通过社交消费即提供参与机会来吸引人们的参与。

智能圈新媒体带来的第一个新变化就是媒体内容由使用者自行制造。没有哪一个未来研究者能够预见到在网络中由大众写作的日记（博客）能成为传统新闻业面临的最大挑战。百年以前，电子商务在网络中创造了一个市场，之后的博客则在网络中创造了一种公共场合的新形式，在这个公共场合中每个人都是彼此的读者。而现在这种通行无阻的公共场合对于所有人来说已经成为理所当然的存在。顾客、用户和公民都想从经济、技术和政治上获得平等的话语权，因此我们的社会自诩为下一代社会：不同的团体在网络中进行实验，使得传统意义上的政治变得多此一举，消费者成了生产者，用户成了设计者，挑选者成了决策者。

智能圈的媒体技术与其说是工具倒不如称之为过程。用户变身成开发人员，媒体在使用过程中将不断地进行新的定义。参与占据了接收方的位置，不只是作者，还包括读者都消失了。智能圈的一个典型特点就是人们首先发布然后才会进行过滤，于是就产生了平台运营商称之为的"内容分拆"过程，也就是著作以后都不会再有了。新文化技术的应用无所不在，直接导致了古登堡银河系的终结：剪切＆粘贴，复制＆重混。

用一个当下市场流行的时髦词来形容智能圈，即云计算：把计算服务当作公共商品。实际上那些自诩为技术专家的黑客和自诩为政治家的海盗等，这些活动家在今天已经完全把网络当作公共商品。为了对其动态和创造潜力进行理解,人们首先需要认识到这与社会资本的构建有关。社会资本来源于连接、关系和地位,谁若想合理地解释社会公正的含义,就不能再沉迷于19世纪的"社会问题"而无法自拔。我们必须对在网络自生过程中产生的新型社交进行思考。这样的话我们还能从20世纪的社会学家那里有所继承吗?

斐迪南·滕尼斯(Ferdinand Tönnies)对社区和社会做了基本区分,进而把社会学的研究方向重新进行了定义,自此以后我们便把我们所有的社会经验分成了两极:这一端是友谊,那一端是正式组织;这一端是亲密关系的温情,那一端是现代社会资产阶级的冷酷。虽然这个框架略显粗糙,却对我们进一步区分牢固和脆弱的关系十分有用。人们与朋友之间的关系牢固且稳定,与陌生人之间的关系脆弱且松散。

我们可以把社会关系分成四个强弱等级:亲密——联系紧密——联系松散——匿名。人们可以将其视为一个连续过程,例如,工作场合这样的正式组织就是产生松散联系的温床,另一方面,这些松散的联系又倾向于在网络中发展成为紧密的关系。亲密关系产生于长久且幸福的平等关系中,而最终信息流也将消散于亲密关系中。因此我们在此遭遇到了一种很有意思的悖论:在大多数的社会系统中,松散联系往往要比紧密联系更有效,然而这是为何呢?

一段关系越亲密,则这段关系所包含的信息就越少。人们可以通过倾注时间、情感强度以及相互作用来解读一段关系的强烈程度。友谊是一种紧密的联系，但是相比于从朋友那里，我们却能从熟人那获取更多的信息。这个原因可以很容易地想见：那些跟我们有松散联系的人经常活动于那些我们无法接触的圈子，相反，亲密关系虽然能够最大限度地激发我们的动力，但却只能提供最少量的信息。如父子关系、婚姻关系以及亲密的友情等亲密关系中不存在结构漏洞，因此新鲜事物、创业的理念或者创新观念都无处栖身，最终导致了亲密关系同效率的互相隔绝。

在今天，每个人在所扮演的不同角色中所感受的感觉强度是不同的——作为公民社会中的个体，作为教派成员，作为工作等正式组织中的成员，或者作为网络中的代理人。社会学家以不同的角色为导向会对我们的世界得出完全不同的诊断结果。罗伯特·帕特南（Robert Putnams）所做出的社区损失的诊断十分著名：独自打保龄球（Bowling Alone）。美国社区主义把拯救社区写在旗帜上，但是相比于因为社区消失而产生的不满和拯救社区的说教，解放社区的网络理论更现实和符合时宜。

这就是松散关系的世界，这就是符合青年人的冷酷生活方式，即相信这种形式是符合时势的智能圈。通过在网络上进行点击人们就能成为"好友"，这当然只能带来轻微的感受。但是当人们想到，每一次强烈的情感投入都会限制我们的移动性和灵活性时，就不得不承认这种轻微感受是完全符合现代世界的现实需要的。就连善良的撒玛利亚人也只是同他们拯救的人保持了松散的关系。赫尔穆特·普莱斯纳（Helmut Plessner）把代表松散关系优点的决定性行为定义为"脱离束缚的约束性"。

网络在冷酷会员制的正式组织和温情的兄弟共济会的极端分子中间形成了一个由运营商构成的自由社区，他们既不宅也不擅长交际，这样我们的社会看起来就像是由自由选择的联系构成的网络，并受到相互连接的个人主义和不断发展的社交私有化的影响。散文家汉斯·马格努斯·恩岑斯贝格尔（Hans Magnus Enzensberger）在20世纪将其描述成一个由少数派相互联系的综合体，一个无政府且自我管理的社会。网络的首要要素就是联系，因此恩岑斯贝格尔在当时已经高屋建瓴地出版了一本"教材"。

社交媒体彻底改变了友谊和社区的定义，友谊关系在今天就是"链接"，社区在今天就是智能圈。在过去，维护友谊需要花费大量的时间——因此人们真实的朋友总不超过五六个。而今日正相反，网络人自豪于他们在虚拟世界拥有成百上千的好友。本质的原因在于，与成百上千的好友所保持的关系肯定要比与密友所保持的传统关系更松散，但是网络的逻辑正好鼓励这样的行为，因为恰恰是松散关系才蕴含了更多的信息。

1973年，马克·S.格兰诺维特（Mark S. Granovetter）发表了具有跨时代意义的题为《弱连接的力量》的文章。当人们不再把网络理解为小型的具有明确定义的团体，而是联想到不同团体之间的关系时，似乎就与松散联系的优势出现了悖论。一种联系所具有的优势可以根据花费时间多少、感觉强度、熟悉程度和互动性进行确定，而这些联系是从故事中发展来的。马克·格兰诺维特现在能够说明，松散的个人联系也能成为紧密的沟通联系，松散联系的优势具体表现在，熟人能比朋友提供更多更重要的信息。相识关系要比感情包含的信息更多。人们所获得的链接越多，这种链接就越松散。谁拥有紧密的联系，就必须满足于更少的信息。最大的传播力存在于那些维护很多松散联系的人群中，有很多相识的少数人将我们同世界联系了起来。

网络的正常运行前提需要有充足大量的社会资本存在。紧密联系是排外的，它所连接的是亲戚和密友的密集网络。这增强了我们的自我认同和自身群体的凝聚力，在此盲目信任起了决定性作用，紧密联系提供了小型且由紧密联系编织成的网络保障，同时将我们笼罩在熟悉的氛围中。相反，松散联系则是包容的。它将疏远的熟人连接到一起，开启了由松散、分散的联系构成的大网络的自由时代。因此，信息的传播不是通过紧密联系而正是通过松散联系来得以促进的。松散联系使得新的信息更容易获取，并且将不同的团体相互连接了起来。

相应地，社区在今日所代表的含义绝不同于19或20世纪时社会学所给出的定义。社区不再是社会的对立面，虚拟社区和社交网络结合了社区和社会的优势。人们并非出生在虚拟的社区中，而是具有自由选择并任意发起的权利。在乡村社区中人人都相识，但是在社交网络中人人都能保持隐匿的身份。此外，虚拟社区并不受地域的限制，而是在世界范围内根据兴趣、能力和偏爱来进行组织。

在经过了古代部族社会和现代"异化"阶段之后我们塑造了一种新的社区形式：由电子网络承载的邻里关系，主体是由志愿者部落构成。百年之前的社交媒体脸书就是对今日"社交图像"如何形成的最深刻的范例,虽然仅仅通过一些很简单的问题:你认识谁,谁认识你?但是其中蕴藏着一种潜在的政治联系,这种潜在的政治联系需要的只不过是一个指导思想、一个维护共同利益和满足归属需要的沟通平台。这也就不再单纯地与信息传递有关了,还涉及了链接,并且由此这些链接变成了社会变迁的媒体。

为何在智能圈会有上百万人都在分享、赠送和担忧呢?为何会有无数的作者免费且匿名地为线上百科全书做贡献或者解决他人的问题呢?为何会有如此多的顾客愿意为其他顾客提供建议并对他们的交易进行评价呢?也许答案很简单,只是会让古典经济学家感到费解。这些人做这些事的原因在于这能为他们带来好友,而好友则是影响力的指示器。万维网始于1991年,诞生于日内瓦欧洲核子研究组织的一台NeXT处理器,它就如潘多拉的宝盒一样,自此以后社交吸收了媒体技术,界面消失了。

我们世界的构成基础是比特、原子、神经元和基因。今天我们能将这些理解为一个单位概念,这与我们对神奇维度进行的探索是密不可分的:10的负9次方米。1纳米比1米小100万倍——这个大小正是阿尔伯特·爱因斯坦(Albert Einstein)在1905年估计的一粒糖分子的大小。纳米——来源于拉丁语Nanus,侏儒的意思——表示了1粒原子到大约400粒原子间的大小,即因量子行为而导致牛顿物理学失效的范围。纳米尺寸的设计已经远超于我们自然尺寸的比例,即纳米尺寸的设计范围是在一个要比我们能够看到或感知到的一切都要无穷小的世界。在纳米级别中,天然与人造的差别减小，也就是指天然分子系统与人造分子系统之间的界限在此变得模糊不清。就连儿童也被这些构成世间万物的最小单位深深吸引着，它们是一切的建筑基石。这种孩子般的冲动也延展到了探寻最小单位的学术探索中：从德谟克利特的原子猜测到显微镜的发明，直到纳米科技的诞生。今天，科学家们将这个世界视为一个复杂的分级系统，这个系统中最底层的基础建立在纳米级别上，这就导致之前所有对世界分类的系统崩溃——甚至连植物、动物和人类的区分也面临着崩溃。DNA成为新的分类标准，这种标准表明了老鼠与人类之间相比于差别拥有更多的相似之处。

科学发现了构成我们世界的基本单位，即物理世界中的原子、信息世界中的比特和生物世界中的基因。并且，今天这些单位在所有的三个世界中实现了从科学研究到技术综合的阶段，即重点已经从基础研究转移到了工程学上，从理解转移到了设计。完全的科学与专业领域之间的区别在于，后者并不只是做分析的工作，而且还要通过合适的策略来改变处于分析中的状况。当然，这种综合的过程很难系统化，而往往凭借判断力和直觉来进行。

工业化时代的科技史已经表明，自然资源的枯竭正在随着技术的发展而变化。例如，我们并不计算石油的绝对数量，而是仅仅计算通过当时的技术所能够采集到的数量，在这个意义上，每一步科技进步都改变着我们对于世界有限性的认识。但是当技术不再以自然为基础时，对于"浮士德精神"来说自然资源的枯竭将不再是无法解决的问题。知识将会代替资源。

人类的创造力就是"造物主的作品"，人类不仅可以作为建筑师来设计智能且用户友好的环境，而且还能创造新型的材料从而带来服饰、住房和交通的变革。除此以外，我们的食物也早就不再只承上帝之手的恩赐。通过分子的精准添加能够合成新型材料，纳米技术通过添加"正确"的分子人为地促成了新型材料的出现。技术的融合实现了现有知识向检验实现潜力的转变；研究者成为造物者，以及企业家。

在克隆领域，人类学的理想主义得以落地，它把人类从旧式的身体行为中解放出来。这些都是通过信息来构成的。信息是一些既非物质又非能量的真实存在的东西，是熵的反面。因此人类的进化的过程是一条与正常的自然过程相反的路径。我们的生命就像设定好的一段命令代码，染色体就像一部基本法一样，具有自己的执行力——作为执行剧本，它激发了遗传物质中信息含量的生物活性，因此，把基因技术抨击为进化的破坏者是完全没有意义的。基因技术能够引导人类改写自然之书，人类既是造物主，又是原材料，并且切实地创造了第二自然界。

现代社会对于模拟和数码可以通过人类来进行基本的分别：中枢神经系统和遗传信息是数码的，其余的生理学信息则是模拟的，人类可以分为生理学和数据处理两个领域。数字和数据是所有造物的密码，正如诗人诺瓦利斯在18世纪末期所担忧的那样。基因操作的无痛暴力游走在生物学的信息理论解释和育种可能性的关键领域。今日，人造生物的出现使得基因技术触及了伦理禁忌。人类对细胞和原子的核心突破使其具备了造物主般的自由权力，这也导致了旧欧洲的标准和人物形象的崩塌。

人们将那些对自然界进行模拟，在自生过程中研发具备新特性材料的领域称之为生物仿生学。生物仿生学即纳米技术对生物学进行模仿，也就是说生命成为工程学的榜样。生物系统的榜样意义在于其仅有少量原子规模下的选择性和灵敏性；榜样意义还在于其能够准确大量进行单位重复生产的能力；具有榜样意义的还有其具备将自身组织成复杂系统的能力；以及其具备的适应能力和自我修复能力。人工系统首先能够从生物系统中学到一些稳固性和选择导向的适应能力等品质。自然界所展示给我们的网络能够进行自我设置、自我防护和自我监测。

我们已经意识到了：分子就像机器一样。例如，蛋白质就是纳米级别的生物机器。科学家在活细胞中发现了极为细小的生物发电机，能够帮助细胞产生能量，发酵酶可以起到简单的催化剂的作用。自从我们把细菌理解为能够解决问题的分子机器之后，反过来我们就能够研发一些通过微生物来解决环境问题的项目。这些由人类通过向细菌和病毒学习而设计的分子机器模糊了自然物质和人造物质的界限。在纳米级别上，工具能够转变为自我成长而非被制造出来的分子助手，因此科幻小说中的一部分已经成为具体的技术现实了。1982年，斯坦尼斯拉夫·莱姆（Stanislaw Lems）的小说《洛卡特明》（*Lokaltermin*）中的"风气"今日以"实用雾"的面貌再现：游离的智能，即可编程并且具备通信能力的分子机器媒体，能够传递信息、起到修复和保护的作用。

人类不再从遥远的宇宙空间中寻找其他生命了，而是把目光转向了智能圈，在智能圈中发现生命的不同形式，无论这种生命形式具备何种物质基础。人们无法对陌生的生命形式进行观察，只能进行创造：通过在数码媒体中进行的自然选择。生命和机器不再被视作对立面，而成了起控制作用的经济体。生命成为一种编程化了的活动。活细胞作为一种信息处理器——就像一台电脑将输入转化成输出那样；它计算发酵酶的活性和非活性状态，通过使用 O 和 I 来标记。换句话说：我们可以把活细胞视作工厂，它们可以通过处理细胞核上储存的比特来生产蛋白质。这样，进化就能够通过算法来实现了。

软件生命的假设将会在数码造物的进化中实现，此间的编程工作仅限于实现与自然系统生物分子的功能对等；DNS 相当于一串机器命令。人们可以把活细胞理解为一家能对 DNA 蓝图进行操作的化学工厂，它们在结构上就如同一台自我再造的机器，正如约翰·冯·诺依曼（John von Neumann）所构想的那样。也就是说：这就是一台万能图灵机，人们可以把自己设计的程序写入这台机器。因此这本圣经必须能够很容易地被修改：知识之树就是生命之书。进化就是信息的培育。DNS 就是最终会组成血和肉的一个个单词。

诺伯特·波尔茨（Norbert Bolz），1953 年生于路德维希港，任职语言和交流学院执行院长、柏林工业大学传媒学教授。最新作品《框架》于 2012 年出版于慕尼黑。

哈乔·库尔岑贝尔格（Hajo Kurzenberger）

2112

百年后的戏剧

神谕、预言和预测——它们自古就是戏剧中最有效的手段。俄狄浦斯如果不曾徒劳地尝试着去摆脱特尔斐皮提亚所提出的模棱两可的预言,也许就不会以悲剧结束。如果没有三个女巫充满诱惑的预言诱导着麦克白走向谋杀的行径,他很有可能还是国王勇敢的侍从。如果他并没有看到浮士德后来罪恶的下场,墨菲斯托也不会与上帝下赌注。这三个有关未来的经典预言的悲剧都无一例外地将他们的主角引向了歧途,虽然在戏剧史上此时已经到达了人类启蒙的重要阶段。当然这也归咎于戏剧的黑暗传统:萨满法师、算命先生、魔法师和骗子出现在仪式的开始,标志着他们非正统的出身。

当代人身处于一个充满疑虑的社会,坐在特尔斐的三脚祭坛上,以便沉醉于有毒的蒸汽中来预测戏剧百年后的未来。面对这个无解的任务可能性摆在他们面前的有两种。作为现代戏剧史学家,他们可以提出追溯过去或展望未来的预言,即把戏剧当前的趋势扩展至不确定的未来;或者他们摇身变成——确定的事情能够带来更多的乐趣——寡廉鲜耻的千里眼,彻底放飞他们的科幻戏剧幻想。

但是，无论如何这两种方式的结果都必然充满了不确定性。原因在于：今时今日到底什么才叫作戏剧？我们在此提到的戏剧是指在世界范围内唯一通过高补贴而在德国建立 200 多年的城市剧院和国家剧院吗？还是指后先驱时代的戏剧，首先在美国以 off-off 戏剧（先锋戏剧）形式出现，在露天的剧场场景中展开并且在今日的国际节日上作为世界戏剧呈现给那些找寻实验和美学、横跨政治以及文化的公众的戏剧？又或者是那些符合美学的事件，它们卓有成效地把我们的媒体社会化为场景，即体育表演、政客所使用的表演和自我形象策略以及流行文化事件。

社会学、文化学和传媒学起码将这些毫无关系的领域进行了概念标识：这些标签即"表演社会"、"轰动文化"或者"传媒民主"。戏剧学提出了一个概念容器的概念，其中所有不同的现象都能轻易地找到归属的位置，这种容器叫作"戏剧表演艺术"。这个概念隐晦表达出来的就是，我们的当代文化是由表演方式和戏剧处理而决定的，不是通过完成的作品来表达，而是通过戏剧表演的过程。戏剧学家、传媒学家、文化学家和社会学家一致认为戏剧表演的发展和壮大得益于电子媒体的发展，电子媒体的发展不只改变了我们的生活习惯，而且改变了我们的表达方式和理解方式。莎士比亚烙印在我们文化记忆中将世界比作舞台的比喻在被媒体深深影响的今天得到了巨大的发展和认可。

在那些戏剧表演成为构建现实的控制中心和关键点的地方，现实也变得越来越虚构了。通过不断发展的媒体化，尼采关于所有现实具备的虚构特性的言论突显了特别的意义,就连戏剧表演的未来也日益表露出决定性意义:效果、媒体模拟、虚拟现实不仅仅代表了媒体戏剧表演艺术及其表演构想的特点。作为媒体感知形式,它们还将越来越渗透进日常的观看方式。把虚构当作现实情况和现实建构来进行评价产生了深远的——哲学、社会心理学或者艺术学的影响。几百年来所声称的建立在形而上学基础上的对立面存在与外在不断地瓦解,很明显不再适用于对现实进行描述了。"存在"在媒体时代意味着"被感知",媒体哲学家波尔茨如是认为,并且以由此产生的感知心理学结果为关注重点。

戏剧艺术家对媒体变迁的反应是矛盾和模棱两可的。在多种功能和多种意义情况下,他们通过将新媒体与舞台表演相融合而表明了对新媒体作用的肯定,并且,当传统的戏剧舞台展示逐渐变成一种"自我展示",并或多或少成为被反映的自我呈现和媒体自我放大时,就表明了它们已经屈服于新媒体了。另一方面,戏剧制作人也遭遇了媒体模拟、强烈要求"真实现实"、生理存在、一次性事件和真实性的虚拟模拟物所构建的美丽新世界。这项基本的矛盾推动了过去40年间喜剧的发展,并将继续行之有效地在未来一段时间推动戏剧的发展。

角色呈现和自我呈现的区别能够被很形象地体现出来。演员的核心业务能力以及神秘十足的秘密:即变化的艺术变得越来越声名狼藉。从古斯塔夫·格林德根斯(Gustaf Gründgens)变成墨菲斯托(Mephisto),或者从劳伦斯·奥利弗(Laurence Olivier)变成哈姆雷特(Hamlet),这种转变的能力自从上世纪70年代起在德国舞台上已经基本无人问津了。确实，它迅速成了"仿佛"剧院的核心堡垒，"反对演员"如乌尔里希·维尔德格鲁伯（Ulrich Wildgruber）或塞普·比尔拜克勒（Sepp Bierbichler）为了反对戏剧幻觉站了出来，他们认为人们除了自己扮演不了任何人。角色的解构、人物的分解和通过尽可能多非传统的个人参与来达到角色丰富和替代成为柏林人民剧院及其总导演弗兰克·卡斯托夫（Frank Castorf）的呈现目标和商标。按照戏剧编排家利林塔尔的说法，"反对伪装戏剧的争论"是建立在演员的"纯粹存在"基础上，相较于移情和角色完整性等过时的塑造技巧，演员们更愿意对自己的"小缺陷"加以利用。角色突破、戏剧人物的碎片化、因为私人评价而误入歧途迅速地成为德国剧场的共识，也同时成为受教育大众公民的梦魇。

因为并不以角色为导向，所以行为艺术——场景——会更倾向于寻找真实和现身的戏剧表演创作。在这里组织的不可重复性似乎保证了"纯现实"的实现。场景反射旨在确定艺术形态的界限，表演者和观众之间的理解总能不断达成新的一致：不只存在于超出习惯和期待的苛刻要求中，比如女演员玛丽娜·阿布拉莫维奇（Marina Abramović）的自我伤害行为，"行为艺术"研究的是躯体、生理痛苦——而且能还在研究中触摸真正的实际而不通过中间人的展示。这里的口号叫作：不需要展示，不接受"仿佛"，不存在剧本！为此产生了称为"现象存在"（费舍尔·李希特语）的艺术形式。

当行为艺术作为一种高智商的艺术，并有倾向发展成为小众圈子服务的美学密教时（这并不代表它对其他戏剧形式产生了什么影响），戏剧爱好者却登上了历史舞台——在同样保证了真实性的前提下。最开始在当地出现了一个"为我们"开设的剧院，从60年代下半期开始应解放要求而逐步变成了"经验剧场"，使得崭新的社会环境变得清晰，之后到90年代初期开始进入国家剧院的视野和兴趣范围。通过利用由专业演员和社会上惹人注目的年轻业余演员组成的演出团队，英国导演杰瑞米·维勒（Jeremy Weller）在一个重新装修的艺术舞台即慕尼黑小剧场上指明了戏剧"更多地贴近生活和现实经验"的方向。从现在开始我们对"日常专家"们再也无计可施了。"里米尼记录"工作室第一次在2004年把这样的演员团队带到了柏林戏剧节，下一步很自然地就来到了德累斯顿剧院的常设公民舞台，新的国民戏剧运动在官方项目中展示了它们的十八般武艺："表现自己"是"妇女身体戏剧FKK"的格言，就如同在婚姻游戏中的"是的，我会的"一样，真实的经验和故事告诉我们，"其实并没有人知道，她说的到底是不是真的"。不只在此自嘲的意味浓厚了很多，而且引领方向的系列活动"文化冲突——公民晚餐"也以活泼的严肃克服了文化和社会的沟通问题，并提出了形式特殊的融合建议。因为，当接生婆和入殓师在同一张桌子旁坐下，朋克和银行家、传教士和妓女或者穆斯林和犹太妇女共同在观众面前一起吃饭、玩耍、交谈时，它就展示出了其具有的将我们分离和联合的社会财富。

剧院观众，也就是戏剧业余爱好者踏入曾经神圣的城市剧院和国家剧院，这件事对于有声望的戏剧评论家来说就是"戏剧逐步走向自我瓦解"的最终证明，而整个社会感觉到的是"极尽的真实而非戏剧的毁灭"。我们就把它恐怖的一面作为对未来的预言，让我们对未来充满勇气和幻想地跳跃到2112年吧。

《法兰克福评论报》的见解是对的：德国城市剧院和国家剧院到本世纪中期的时候已经把自己的命改革死了。来自极端资本主义的论断迫使作者主导式剧院转向不遵从传统和后后后现代主义。原本每位导演通过每次策划来输出自己特殊标记的方式被终结。这也就是说：全世界范围内只有少量的伟大导演分割了高雅艺术戏剧市场，并由上市文化生产集团和营销集团所支持并销售。第一代全球导演兼演员如罗伯特·威尔逊（Robert Wilson）或罗伯特·勒帕吉（Robert Lepage），他们在21世纪初期起到了指路明灯的作用。但是2112年的全球导演兼演员们已经不在纽约或者拉斯维加斯上演他们的多媒体剧目了，上海、孟买、里约热内卢和迪拜成为当今的艺术和戏剧大都会，戏剧既不局限于固定的地点，也不拘泥于流派传统，而是更多地将各种各样不同文化领域和艺术产品的视听材料进行混合。

到2112年，世界文化和当地文化在空间和美学上进一步分化。2003年由约尔根·弗里姆（Jürgen Flimm）推举为世界文化遗产的德国城市剧院和国家剧院由戏剧爱好者，也就是普通公民友好地接管并回归到戏剧最初的源头。19世纪城市建设的三大标准建筑——教堂、市政厅、剧院——构成了一个城市精神和空间上的中心，现在看来至少其中的剧院获得了新生。人们十分热衷于追溯公民传统，以新的方式向曾经来自施瓦本的高瞻远瞩的理想主义者弗里德里希·席勒（Friedrich Schiller）致敬，他曾在1784年把剧院宣传为一种"道德机构"，"一所教授实践智慧的学校，一个公民生活的指向标，一把打开通往人类灵魂最神秘路途的钥匙"：一方面，人们在戏剧中颠覆了日常的生活经历，通过演出来尝试别样的生活；另一方面，人们通过演出和戏剧来推动基本民主，以席勒的座右铭为根据，人类只有在表演的舞台上才能称之为完整的人类。

由演员和导演到领导的公民运动如"斯图加特21"都成为之后出现的新社会美学的表演艺术先锋，这种新社会美学如今把它的空间中心放在了旧城市剧院，但影响却远远超出了空间界限的限制。所有年龄阶段中随机应变、有趣、具备媒体竞争力的活动家通过幻想丰富，或排练或即兴的行动猛烈又广泛地影响着生活实践，他们来自肩负着完成目标使命的愤怒公民和好人群体。原来的新教传统也拜不同的媒体手段所赐转变成了非德国式的方便和意外的高效。如果快闪族在21世纪初期更多的是一种集体恶作剧的话（例如200名自行车骑手使得环岛交通瘫痪），那么在2112年这种行为作为玩笑化的大众表演活动将成为一种被认真对待的干扰因素，他们通过在线约定可以很轻易地引起所有复杂规则系统和社会机构的愤怒甚至完全失效：税务局或者医生代表大会、党代会或者颁奖典礼、政府机构或者机场。街头戏剧表演力量也得益于技术的发展将成百上千倍地增长。政界中的部分人愤怒地或期待地凝视着这些戏剧海盗党们下一次还会有何样的灵光一闪。

　　站在表演活动家们对面的则是镇静的媒体依赖者，他们沉迷于原来被动的戏剧模式。早在20世纪时就大多只在电视中放映的亚里士多德的戏剧就获得了一次数码加持的发展高潮。电视这种媒体在过去几十年间迅速成长为一种巨大的戏剧化机构。多种多样的形式和虚构的现实需要被加工和删节，一次营造一种公众效应，这种公众效应能够把事实进行点化或者把现实表现成一连串个性化、情感化的感人事件或骇人听闻的事件。这就是原来戏剧创作的模本：冲突升级戏剧化、安排巧妙的悬疑、点点滴滴的交代信息、延缓和加速的场景安排、对刻画人物或演出人员进行典型化和对比，尤其是把冲突——真实展现和媒体展示的灾难——所具有的情感关联传递给观众，因为观众的接受兴趣最先会出现在那些能够对他们产生刺激，让他们感同身受，并与他们自己的愤怒、愿望或者生活设想相关的地方。"情感电视"在22世纪将被媒体控制的感官世界进行全面深化。当然，那些被倾注的热情产生的净化心灵的效果，终会随着它们频率的连续弱化逐渐消散，首先受到巨大冲击的就是政见表达和日常肥皂剧及观众评分。因此，直到2062年的电视编辑中还在为发展新的舞台布置和播放格式而做出巨大的努力。努力越巨大，印象会越深刻，情感就更加丰满。

　　对情感效应需求的不断攀升最终只能通过引入新的技术手段来满足。麦克卢汉认为未来人类的感知能力将会因为媒体而得到极大拓展，即"人类的延伸"。这个展望在2063年以一种完全特殊的形式经由情感发射器的研发和引入而实现。从那时起，任何电视节目都能在心理上短暂地与观众相连接并得到强化，所展示的情感身体状态能够直达观众，中间不存在任何的消减。新的化形机器也同样实现了近似极端快感高潮的情感崩溃的效果。西方戏剧发源地古希腊的酒神节中，三天悲剧表演日和一天喜剧日留给观众的是悲叹和惊恐，是情感释放后的鸡皮疙瘩和泪湿的手帕，这些在现在，在更大的情感强度中被应用于日常生活中。

很明显，那些追求优质品位和精英文化的圈子是不屑同大众媒体那些人为的情绪交织产生关系的。他们坚持认为，艺术是高贵且繁复的，是如手工制作的奥若蒂克式的，是极其优质且昂贵的。因此歌剧依旧还是他们首选的艺术形式，纽约大都会、苏黎世歌剧院、米兰斯卡拉歌剧院，或者一些艺术节如拜罗伊特戏剧节和格林德布恩音乐节，作为真正的艺术朝圣之地和庙宇，也获得了巨大的象征意义和市场价值。它们就是超凡脱俗的群岛，谁能跋涉到这里，谁就算作精神上的贵族，就能守卫他作为伟大文化传统之骑士的专属席位。他们轻蔑地看待"孟买歌剧院"，即便它的制作已经走进了电影院传播到了全世界。

预计未来会出现两种发展趋势，虽然以今天的眼光来看会显得稀奇古怪。在世界领导力量中国的文化旋涡中，地球上所有的百万人口城市都建立了京剧的固定戏班，他们根据时代精神的要求对人物类型加以丰富。武生行当中包括敏捷、威武的战士，仪态威严的老将和主要参与战争场面却没有台词的翻扑武生，武生在当代的表演中变成了一群阴谋诡计的银行家，他们把传统元素中的"侠义与忠君"应用到了现代的投资银行中。神奇的是，正在崛起中的具有全球异域风情品位导向的年轻经济体更偏爱这样的表演方式，也同样因为京剧所具备的艺术完美地把杂耍、杂技和其他的竞技艺术相结合，并显而易见地与自己的现实和质量标准进行了联系。

对于怀有强烈传统意识和怀旧情调的文化鉴赏者来说，21世纪末期的伟大人物和角色表演的戏剧迎来了复兴。欧洲的戏剧传统源于埃斯库罗斯，终结于萨缪尔·贝克特（Samuel Beckett），本世纪中期之后还会在夹缝中苦熬一阵。戏剧表演的公民运动接管了由官方补贴的表演场所，在这场运动中——更多的是出于恶劣的文化良知而并非信念——偶尔也会在舞台上朗读如安提戈涅、哈姆雷特或培尔·金特（Peer Gynt）等伟大的戏剧名著。股份公司"生活文化"知道可以把由此产生的需求用于发展旅游，它保证了自己戏剧剧院特别是经典作品演出的中欧巨头地位。文化控股公司的总部以及首要且唯一的演出地点就是维也纳宫廷剧院，其唯一的分支机构是萨尔茨堡音乐节，是专门作为演出特色景点而获得许可的。在2112年，这家文化财团的大股东依旧是维也纳戴默尔咖啡馆和萨赫尔咖啡馆，此外还包括来自瑞士的瑞信银行、瑞士联合银行和萨尔茨堡米拉贝尔莫扎特球生产商，他们都有意识地把他们传统的标签服务于一家来自阿联酋的全球化大银行。这家公司所取得的令人惊叹的成功，得益于奥地利人宽阔的文化政治眼界和70年代进步的基因研究。就在21世纪20年代，准确说是2017年，维也纳糕点店已经在当地建立了一家名为"卓越演员"的精子银行，并收集了伟大女演员的遗传物质。这些模仿基本材料的作用在2112年得到了充分发挥和利用。在萨尔茨堡，"耶德曼"演出就可以根据观众的口味来订购克隆过往明星，当布兰德尔以耶德曼的身份同他的姘头娜佳·蒂勒（Nadja Tiller）一同出现在开篇时，库尔特·尤尔根斯（Curd Jürgens）则可以同比吉特·米尼希迈尔（Birgit Minichmayr）来完成这个作品的最后表演，这不仅实现了不同戏剧时期众多著名明星的时空交错，基因研究还帮助导演和演员能够在所谓的特殊混合中进行选择。马克西米连·谢尔（Maximilian Schells）的声音可以与图库尔的笑声结合起来，西蒙尼舍克的行为习惯和洛纳的表现天赋相结合。而且遗传物质也带来了情色的无限遐想：特里斯纳女士和费雷思女士的双重性感几乎爆棚，以人物的女性视角来看，森塔·贝格尔（Senta Berger）和妮娜·霍斯（Nina Hoss）的结合则提供了一个所谓的密集出场频率的正确政治的结果。

由基因技术所带来的无穷无尽的表演可能具备巨大的优势，创新与传统的结合完全构造了一个全新的单元，新亦老来老亦新。得益于戴默尔——萨赫尔商业领域之外的精明计算，一直到21世纪中叶，古典文学戏剧角色所遭受的严重意义缺失也得到了补偿。怀有讳不可言潜台词的人物表演在心理上都是千差万别的，它们对于文化和戏剧爱好者来说极具票房号召力，每年的收入超过了50万欧元。施泰因在2000年汉诺威世博会上演出的"浮士德"已经在朋友圈中表明了：品质、传统和美学创新成为一种高贵的活动，是不允许打折的。因此，由命名者在 2030 年底所建立的特色明显的格拉德·施塔德迈尔（Gerhard Stadelmeler）哑剧圈，自 2072 年起每四年都会回到奥地利控股人的手上，他们曾经复兴了经典并带之走向辉煌。

那些预测戏剧走向，预言戏剧未来的人肯定会照着古典的样板误入歧途。除非，他们能够选择一种戏剧学中的特尔斐式的预言公式来作为戏剧未来的指路标，比如说科特的口头禅："戏剧性组成了社会，社会构成了戏剧性。"这样有理论支撑的预言就像人之必死一样正确：我们中的谁会知道，2112 年的人类和社会是什么样子呢？

哈乔·库尔岑贝尔格（Hajo Kurzenberger），1980 年至 2009 年于希尔德斯海姆大学担任戏剧学和戏剧实验教授，还曾于海德堡、希尔德斯海姆、巴塞尔、苏黎世、汉堡、柏林、沙恩、维也纳和德累斯顿等城市担任戏剧顾问和导演。

马库斯·亨斯特施莱格（Markus Kurzenberger）

2112

百年后的遗传学

我想在一开始就说明一下，我在这一章节并不打算讲解一些所谓的"绿色基因科技"，即植物生物学领域遗传研究和基因技术应用的重要性和影响。我只关注人类遗传学领域，并且我认为预测这一限定工作领域（在100年内又能被限制多少呢？）的未来不仅困难，而且绝对是不可能的。我在遗传学领域的研究已经持续了大概25年的时间，最初人们设想的是人类拥有15万个基因，但是今天我们已经知道了，人类的基因也就大概22500个。如果有人在我研究之初就告诉我在不久的将来能够成功克隆哺乳动物，那我当时也会认为是极其不可能的。但是自第一只哺乳动物克隆羊多莉成功诞生已经过去了很多年。现代遗传学已经在几十年前作为一门学科存在了，它所进行的研究和对人类的用处今日已为我们所知，这门学科是基于实践的要求诞生的，因此，这门学科的发展要高度契合现实的变化也就理所当然了。遗传学领域知识的积累和该学科最新的技术现状都呈几何级数增长。因此，要想展望遗传学100年后的未来就是完全不现实的了。回顾过去的100年，把当时的知识水平与现在进行比较几乎可以称之为零。今日这种形式的学科，尤其是拥有今日的这些方法手段，这在以往都是不存在的。

当年的美国总统克林顿在一场新闻发布会上十分自豪地介绍了一本被其称为"生命之书"的作品，这是在人类历史上第一次对基因组，整个遗传物质，通过所有的组成人类DNA的碱基对来进行解码（基因测序）。基于这项成就而开展的研究项目（人类基因工程）持续了多年，耗资不菲——尽管如此，世界却获得铭心刻骨的印象。

今天，我们的日常工作中已经配备了能够在几天之内实现完全解码人类全部遗传物质的机器，虽然这些设备在今天依然很昂贵，一次完整人类基因组分析的花费大约在1000欧元到5000欧元之间。人们在每家药店里就能够进行基因组分析，而且人们并不需要抽血——只需要用棉签在嘴唇的内侧蘸取少许，然后就可以在店里等待他的基因组分析的结果了。作为结果人们会收到一枚微型电脑芯片，这上面存储了他个人基因组的全部信息。

事实上，我相信在100年之后，每个人在他们一出生时就能获悉他全部的基因序列，甚至今日世界上很多国家在新生儿筛查时就能获取每名新生儿的一滴血，凭借这滴血就能研究某种疾病存在的可能性——多多少少在每名中欧人、美洲人等身上都能自动实现。但是今天仅仅针对少量的疾病种类，并且即使研究的是基因疾病，通常也不会使用基因研究的手段。现在，人们只是针对一些安全且有效的测试手段，或者在预防以及治疗的角度已经产生了医学效果的疾病上，合理地使用基因研究手段，百年后这种筛查将不会只关注少量的特殊疾病，并且在这100年内人们积累的关于人类基因疾病的知识将会比今天获得极大丰富（如果还有未知需要探索），因此，到时候每一位新生儿都会以极其低廉的价格自动获得针对所有疾病筛查的服务。这种筛查的意义在于获悉新生儿所有基因中能够致病的潜在因素，目标则是为父母提供所有可供使用的信息，并且避免或有效地克服他们后代的遗传结构中所藏有的疾病。百年后的新生儿筛查将会描绘出该名儿童全部的基因地图，并且给出与之相对应的一份翔实且由相关领域的专家所提供的基因建议，这自然也就为所有的父母提供了一份他们孩子的"基因圣经"（当然是存储在一个智能手机兼容的数据存储元件上）。这份基因圣经先由父母执行并监督，直到孩子自己获得具备自行处理他的基因圣经的能力为止。

人类是不能还原成基因的，人类总是基因与环境相互作用的产物。基因的作用就像铅笔和纸张，但是历史却由我们自己来书写，直到今天依然如此，并且在未来100年也将一直如此。但是，每个人所书写的历史受到了他们的"基因圣经"的深刻影响。在人的一生中致病的结果是由多重因素共同作用产生的，也就是由基因和环境的相互作用导致的，"彼之蜜糖我之砒霜"就是这个道理。对于你来说好吃的食物，却可能因为其他的基因前提导致我患病。现在的人们把这门基础研究领域称之为"营养基因组学"。"营养基因组学"（个性化营养）的发展还处于初级阶段，但是100年之后每一名儿童从出生起就能够知道，对于他的基因组合来说哪些食物是理想的，哪些是需要回避的。哪些让他变胖，哪些他能摄取更多，哪些食物会引起过敏，或者哪种食物自他小时候起就应该避免，否则它们就会在这名儿童漫长的生命过程中成为一颗不定时炸弹。

　　对于某人有帮助的药物，可能对另一个有着不同基因结构的人只会起到副作用。每个人都拥有自己个性化的基因组合，这个基因组合能够针对特定药物的积极效果相应地让人类去吸收或者排斥。这个相关的研究领域已为今天的人们所知，这种被称之为"药物基因组学"（个性化医药）的学科虽然还处于初级阶段，但是在百年后，我们所能掌握的知识将达到我们今天完全无法想象的规模。如果人们从出生起就已经了解了自己的基因组合，如果人们能够一直知道什么地方对于个人所产生的风险会远远高于普通大众，什么地方基因风险小，那么人们就能够相应地调整自己的日常生活。百年后，每个人从出生起，就能够通过他们的基因偏好来辨认自己的素质敏感性，对于很多的基因结构也将产生能够应用的反作用概念。通过"衣物基因组学"我还会知道，哪些组合才是我理想的着装。这些在我们一出生时就已经描绘出的基因地图，不需要特别参考人类的疾病就能给出结论，这样在百年后肯定会实施无以计数的基因分析，比如与特定肌肉类型（长途耐性和短途耐性）的塑性有关的基因分析。最终，每个人都能利用这些来自基因圣经中的信息去决策采用哪种运动训练方式能够比别人收获更多。也许这一领域会被称之为"体育基因组学"呢？现在还无法估计这些基因研究在百年后将会具有多大的说服力，但可以肯定的是，将来会产生个人教练，他能够制订个性化的符合每个人基因要求的训练项目。

当然，每个人只有自己才拥有选择利用技术还是拒绝它的最终决定权。对今天来说也是一样的，每个个体才有权决定百年后是采用还是拒绝相应生活方式的措施（前提是他并不会因此损害无辜第三方——比如说今天已经存在的有关在公共建筑中实施的禁烟措施的讨论）。上文中提到的"反作用措施"在人类医学中实际上指的是预防和治疗。但是这些措施（环境因素）的方式实际上是五花八门的，比如服用药品，多种多样的医学手段的干预，一直到进行所谓的生活方式的改变。个人还能够在没有起反作用的预防或者治疗理论可用时，利用他们的"基因圣经"来阻止相应基因疾病的暴发。在这些情况下需要考虑的一个论点就是，相应基因研究所产生的结果是否会对个体的生活规划比如繁衍等产生影响。除了很多其他的方面，禁止将基因研究成果转交给雇主或者保险机构也属于各国行之有效的基因法规的一项重大成就，并且这项禁令在百年后将会获得更大的意义，每个人的"基因圣经"都应该享有最高级别的数据保护。

人们的"基因圣经"包含海量的信息，那些基因信息具有多大的说服力，这在今天是绝对无法估量的，很多信息可能对于个人来说不会产生具体的价值，但是很多信息在避免疾病方面则具有不可限量的价值，并且，百年后肯定也会产生我们今日无法想象的、大量的预防和治疗手段：生物制药、基因治疗、干细胞治疗，把基因改造后的动物器官进行移植等更多的手段。

但是人们如何才能把所有的环境因素（正确的营养、适量的运动、合理的个人用药、决定性的干细胞治疗、个性化的基因治疗等）加以利用呢？何时并且如何才能得知人们是否需要什么帮助？如果百年后还是要等人们生病之后才能与之开始抗争，人们大概会感到失望。像今天一样如果人们采用大量的医疗干预来压制或缓解已有的症状，百年后会有希望实现由治疗、修复药物向最终预防、抑制性药物的发展吗？恐怕这是最值得追求但又最困难的成果了，是在未来的100年医学领域都需要全力以赴的目标。但是，单凭每个人从一出生就能以电子数据处理的形式进行管理的信息源，即"基因圣经"，是远远不够的，百年后人们务必要找到方法帮助每个人正确使用这些庞大且意义非凡的信息，以防信息过载，否则将会有百害而无一利。人们需要把这些信息进行耦合，如果可能的话最好能利用覆盖每个人全身功能的监控。

　　百年后，纳米技术将会结合每个人的基因地图为医学预防和治疗提供完美的前提。以下是我的假设性判断：每名儿童在出生时不只会收到全部的基因地图，而且身体里还会注入一台使用纳米技术生产的设备（当然尺寸是无法想象的小）。这台设备将会终生穿行在每个人的血液系统（以及所有的器官和身体部位），就像一艘潜水艇一样。这台纳米设备选择穿行身体的路径可以随机或者根据统计去选择，而且该路径会在出示的个人基因地图上进行确定。这台纳米设备在身体里行使的每条路径对于个人来说都至关重要，路径的确定依赖于所确定的每个人的基因偏好。如果基因分析显示出个人存在相比于一般人群来说有更高的罹患心肌梗死的风险，那么这个人身上的基因设备就会从某个年龄开始更频繁地选择"心脏相关路线"。如果"基因圣经"显示除了血管疾病的倾向，还有糖尿病、黄斑病变等迹象，那么这台纳米设备就知道它应该以一种特殊的频率在它"主人"身体的哪个部位停留了。

但是它在那里做什么呢？并且根据我的假设它会在百年后承担什么工作呢？它们将一直进行着测量，坚定地做出对比并且将信息进一步传达。血常规、肝功能、所有体液的最新成分、胃内容物、肠内容物、尿液成分、脑部测量等，所有人们能够确定的身体检测都会没日没夜不间断地进行。摄入有害食物之后的异常肝功能、所有身体和心理形式的超负荷运载、早期癌症（在远远还未转化成恶性之前）、刚刚"入侵"的病毒感染、细菌感染（在其远远还未对身体产生重大影响时）、神经细胞退化（还远远未及产生帕金森或阿尔茨海默病的程度）、血管病变（在尚未产生实质性血管损伤之前）……身体纳米设备所负责的判定和测量清单能够任意增长。当然，那些需要定期进行测量的范围肯定是由"基因圣经"所决定的。如果基因显示倾向罹患 X 疾病，那么纳米设备就会被相应地编程来对所有项进行测量，并且判定哪些对于 X 疾病的产生具有重要的意义。纳米设备就像一名监督员，但是通过什么方法来定期检查谁，是出生之后的基因分析来确定的。

根据我今天浅薄的猜测，未来的发展将会十分顺利。第一批植入人类体内的纳米设备可能还不能重复判定或测量超过一到两项指标，但发展却十分迅速，所有人对此都抱有很大的兴趣：庞大的技术集团、医药行业、计算机公司、软件公司以及更多的机构。几乎每天都会有新的该类型的纳米设备投入市场。因为隶属于计算机的分支，所以该设备不断地改进和发展将会变得更加迅速，每天广告和媒体中充斥着的都是与之相关的信息，人们会震惊于有如此之多的植入体内的设备能提供给他们选择。很多不一定直接与疾病有关的问题将会被提出并解答。我什么时候去学校或者去上课理解力才能最好？我的整个生物钟的状态如何？我什么时候最有效率？我什么时候最顽强——比如在运动或者工作上？但是在百年后最重要的却是：我怎样保持健康的体魄？在头疼还未真正来临时，我的纳米设备就已经解决了我身体中相应的、通常只是很细小的变化来保护我。在我打瞌睡之前，我的微型纳米技术保护神就已经开始提醒我了，还有在我还没开始出汗的时候，我的纳米小朋友就已经告诉我应该把毛衣脱掉了。

所有这些信息都能够在我的智能手机上读取，我会被自动提醒尽早做出反应。向我发出的熟悉信号数也数不清，他们将会提示我身体里各种各样正在发生的变化。我的手机会告知我现在应该去寻找厕所，因为我在十分钟之内就会有需要。我的手机还会通知我，我大概会在 10 分钟之内口渴。这台在我身体里游走的纳米设备都会通过身体里最微小的生物化学变化来判定上述所有这些事情并且及时通知到个人。

在研发的初始阶段，这种设备只能同每个人的智能手机相互通信，但是之后，这台身体内的纳米设备将在更多地点/接收人之间进行通信。父母在手机上能够自动接收婴儿的所有数值：这个小孩什么时候会口渴，什么时候需要裹紧他，等等。心脏病医生会自动接收到心脏的相关数值，附近的医院也会在我急性盲肠（发炎）发病前几天收到信息，以便他们能够为我的手术准备一张空床（理想情况下纳米设备应该立刻阻止盲肠炎的发生——见后文）。通过我的汽车收音机，我会得知我需要在开车时提高注意力，因为高速路上我前方行驶的司机的纳米设备已经判定该名司机睡眠不足。如果我和我的智能手机靠近公共汽车，那么纳米设备就会从公共汽车司机身体发出信号提醒我不要上车，因为该名司机的血液中含有酒精，但是每个想要搭乘该辆公共汽车的人都应该允许公交司机与他的纳米设备进行通信，这样该司机也能判定谁饮过酒，他就肯定能够找出这位乘客。

百年后，纳米设备同"基因圣经"相结合，很有可能早就完成了下一步的发展，即寄居在我身体中的小设备能够为我的健康做的贡献，都能够当时当地立刻完成。每个人从自己的基因地图中，都能得知哪些疾病会有较大的概率出现，因此就能知道纳米设备应该以一种极其密集的方式随身携带哪些药物。纳米设备还能够在头疼开始之前以最少的量把正确的药物应用于身体的正确部位，人类却远未感觉到症状的发生。甚至更多——小型的手术，比如激光手术，这些纳米设备自己在当时就能够进行。如果血管内侧有沉积物开始形成，很有可能之后就会造成危险的血管狭窄，那么纳米设备就能够自行"插手"。如果人们遭受到了较大的创伤，那么纳米设备能够立刻在正确的创伤点倾洒一种当时研发的药物，这就会形成可逆并且强烈的止血作用。这种纳米设备发展的下一步就是以个人的短时间应用为目标。如果人类身体的某个部位需要某种药物治疗，那么医生就会给病人注射一种经过特殊编程携带有相应药物（高度密集）的纳米设备，这台纳米设备游走到身体的正确部位，并且在那里预先设定一个时间点，以一种预先设定好的方式和准确设定的计量来注入正确的药物，直到这个问题得到控制，这台纳米设备就会自行在身体内消解。

当然，这样的一种发展趋势一方面对人类具有巨大的好处，另一方面对人类也隐藏着巨大的风险，这种技术滥用的后果将是不可想象的。因此，这种东西一旦成为现实，过程中将会伴随无休止的详细的伦理学和法律的争议。这种东西对于我们今天来说是有道理的还是无道理的，这种设想究竟会带给我们友好还是恐惧——这无论如何都称得上是一个典型的示例，强调了伦理争议和针对每次医学进步的评论所具有的重大意义。今日如此，未来100年更会如此。

马库斯·亨斯特施莱格（Markus Kurzenberger），大学教授，硕士、遗传学家。曾经在美国耶鲁大学做博士后，担任维也纳医科大学医疗遗传学院院长、奥地利生物伦理委员会副主席，是奥地利研究和技术研发理事会的成员，并是多部畅销书的作者。

汉斯约格·库尔斯特（Hansjörg Küster）

2112

百年后的环境

序 言

虽然地球对于所有"尽管但是"的恐惧在过去的100年间并没有被克服，但是从21世纪之初就已拉开序幕的环境危机却变得日益严峻。最开始人们先看到的是气候变化的威胁，接着就注意到了地表温度升高，世界某些地区持续干旱，同时，另外一些地区的降水量却不断增加，人们将其同工业化时代以来增加的二氧化碳排放量联系了起来。除此以外还有另外一个与之脱不开干系的问题，也随着时间的推移变得越来越重要：就是化石原料的日益减少。曾经化石原料保证了工业化的成功。今天，据我们了解，不仅经济问题得到了解决，与之相关的环境质量也得到了提高。但是，这只能通过人类对自己的生活进行深入思考，并利用巨大的创造力以一条能够克服严重环境危机的道路来实现。

此过程实现了100年前不曾预见的社会大发展，过去几十年间发生的人与环境关系的转折并不归因于制订了新的法律法规和禁令，而在于人类充分发挥了他们的创造力和责任心，人们相信必须依靠自己的力量来进行改变。这些发展让很多环境政治家感到惊讶，之前他们一直致力于引入新的法律法规，但是最终他们必须认识到，正是这样的做法限制了"改变"的一个重要驱动力，那便是人类的创造力。

人类及其环境

环境发展至今日的状态需要同时考虑经济、移动性和食物的情况，环境的发展与这些因素都有密切的联系。尤其是过去的几十年里人们对待环境的观点也发生了巨大的变化，关于环境现状的评价也会比100年前更加真实。

人类所有的行为都会对环境产生影响。自18世纪以来，人类的行为方式发生了根本的改变，因此环境也相应地得到深刻的改变。18世纪下半叶，即350年前，随着蒸汽机和机械纺纱机的诞生，工业化开始，直到几十年前人们依然认为这是新时代最大的变革。为了获取化石原料如煤炭、石油、天然气、铀矿石中的能量，需要对这些原料进行大量开采，最初这些原料的储藏量都是很丰富的，但是人们必须明白这些原料都属于不可再生能源。再生原料，特别是森林木材在以前曾经满足了人类对于能源的需求，但是自18世纪之后不再大规模投入使用，所以在19世纪和20世纪早期成长了很多新森林，森林中所保有的木材存储量得到了增长。100年前，也就是21世纪初期森林中所保有的木材要比1800年更多。

机器的大量使用使得越来越少的人参与到食物和能源等原材

料的获取过程中，越来越多的人投身到服务行业，由此赚取薪水和用来购买食物及能源的钱。这些人中的大多数生活在城市，他们越来越不了解如何在自然过程的开发条件下利用土地，尤其是对农业和林业一无所知。对于自然现状的不满逐步蔓延，而只有少数人能提出人类应该如何改善环境现状的建议。

20世纪末21世纪初形势变得越来越清晰了，煤炭、石油、天然气和铀矿的存储量早晚都会消耗一空，为此大众使用此类原料所产生的消极结果也受到越来越多的讨论。如果人们在燃烧时没有对废气进行过滤，那么煤炭和石油中所含有的物质正是导致危害森林的"酸雨"出现的原因，同时，燃烧时所排放的二氧化碳作为温室气体也导致了地球大气的变暖。和平利用核能是严厉禁止的，2011年由于大地震所引起的福岛核事故之后越来越多的国家决定放弃使用核能。幸运的是在拆除原有核电站时并没有产生放射性废物的大量堆积，而放射性材料则保留在了临时仓库中，但之后终究还要考虑如何才能解决这个问题。

能源转折带来的环境与人类的变化

由此产生的逻辑结果便是能源转折有了变成灾难的风险。一方面，为获取能源，提供充足的新设备面临着巨大的困难，另外一方面，随着民众有理或无理的抗议而来的所有革新，因为他们看到了曾经习以为常的环境景象正在遭受威胁：他们转而反对风力发电设备，反对搭建将风能资源丰富但电力需求小的地区的电力输往其他有着迫切电力需求地区的架空电线，反对新建以及扩建水力发电工程，阻挠蓄能发电站和潮汐发电站的建设，抗议能源作物的种植和竭力利用进行原材料再生的森林。最终，事实证明，能源的获得和利用所产生的问题只能通过一种方式解决，就是当为原材料的获得以及为开采能源而服务的设施建造，不再只掌握在少数专家和投资人手中，而是尽可能地让更多的人参与进来。

首先面临的一个大问题是，很多人对于何种行为利用并改变了环境充其量只有一个混乱的概念，尤其是大多数人并不熟悉农业和林业的行为。土地使用者曾经被人们普遍认为是"正确的自然"的风景破坏者，抱着怀疑态度的人通过宣布这些区域为鸟类自然保护区或自然保护区来将其置于自然或者风景保护之下，通过几十年的努力，尝试保卫"正确的自然"不受那些土地使用者的破坏，当然，最后效果也很明显。那些置于保护之下的地区拓展了越来越茂密的森林，然而人们当初出于保护目的而为之建立自然保护区的那些动植物却消失了，因为它们原本需要的是具有某种利用功能且更加明亮的地方。人们越来越清楚地意识到，矮灌木和刺柏荒原、草甸和疏林在人类利用的影响下已经显现出了值得保护的作用；许多在那儿出现的动植物的存在只是地表处理、放牧和伐木的结果。这些区域不再是人类完全无法触碰的自然，而早就成了一个可以通过一定利用方式来使之具有保护价值，并使动植物类型能够移植和繁衍的地区。荒原地表和干草必须进行收割或者被动物啃食，这样才不会长成一丛丛成为森林。起初，那些维护自然保护区的人不知道如何处理那些滋生的树木，在很多地方它们就被堆在一大片空地上，等到下一次复活节或者仲夏篝火节时烧掉。然而，这些篝火活动是被禁止的，因为这会无端引起二氧化碳的排放和空气污染，最基本的原因也在于这种行为是对宝贵原材料的浪费。

这种情况促使了另一种活动的出现，这个活动向人们重新阐释了土地利用的基本特征，并且该活动被尤为重视的一点，就是向每个人介绍如何从不能直接利用的资源中获取能源而无需对环境造成伤害的方法和理论。自然保护区和花园中不断累积的废木料不应该作为复活节的篝火，但可以用来生产供热用的木屑。只有对这些木料加以利用，才能有效地维护自然保护区的形式多样性以及花园中的风景。

创新型的能源获取方式

收割的稻草、秋天的落叶和花园里的杂草以及厨房的生物垃圾都是有价值的原料，人们能够利用其制造出沼气。很久之前人们就已经开始用耙子把稻草和落叶一起粉碎，而不再使用需要耗费能源的嘈杂吸叶车。此外，通过清理落叶能够有效地抵抗虫害，其中就包括了七叶树潜叶蝇，它们会躲在落叶中过冬，曾在21世纪初给大量七叶树造成了严重的危害。

今天已经不再使用粪肥和复合肥来施肥了。有机废物首先被拿来燃烧以获取能源或者用来制作沼气；用来施肥的只剩下了灰烬，它们依然含有施肥所需的矿物质。通过这种方式首先可以获取必要的能源，其次能够更好地配给肥料，且土壤和水源则不会再受到硝酸盐的污染了。这个问题尤其存在于那些曾经使用复合肥和粪肥来进行施肥的地区，因为通过那样的方式并不能准确计算出哪些地区应该添加哪种矿物质；而以往添加的量则太多了。

在窗盒中种植向日葵的做法变得越来越流行，从葵花籽中榨取的油以及剩余的整棵植物都是用来生产沼气的珍贵原材料。越来越多的人在他们的阳台上或者社区的院子里饲养蜂群，以便他们能够在夏季尽可能久地收集花粉和花蜜。人们还在很多的地方种植了菩提树和石南花，它们能在如垃圾场一样的贫瘠土壤中生长。饲养蜜蜂不仅仅是因为它们能生产蜂蜜，还出于生产蜂蜡的原因，蜂蜡一方面可以用于生产蜡烛，另一方面还是化工行业一种重要的原材料。

在很多地方人们还应用了水车和风车的原理来生产足以自给自足的能量，其中就产生了几十年前可笑但在今天却很正常的想法：人们在房屋尤其是高楼的排水管道中安装了小型能够被废水驱动的涡轮机。房屋中的通风驱动可移动的风轮，人们每次都可以把这些风轮放到那些能让它们最好旋转的地方，也可以放置在通风良好的阳台上。

如果生产能源的地点和消耗能源的地点相距不远，那么对于整个的能源收支来说是十分合适的，因为在运输途中仅会产生少量的能源消耗。因此，固定安装的风扇都是安装在电力驱动列车的每根桅杆上的；所发的电将会直接输送给火车头的发动机使用，并储存在电池中以备风力减弱时的不时之需。

农民们向意向人收取费用，许可他们从灌木丛和丛林中获取木材——这对于动植物物种的保护产生了巨大的影响，这些动植物在这些受到良好维护的区域里，要比以前因为利用错误或缺失而导致生态崩溃的灌木丛和过密的小丛林中能够得到更好的养护。物种保护专家会极为关注生物多样性在这种利用类型的丛林中的发展状况。行道树的木材也会被利用；人们可以通过在道路建设管理处缴费来获取一些可以进行利用的行道树份额，道路建设管理处会在特定的几天，也就是修剪树叶的那几天将街道进行封锁来收集木材。此外，果园里也有新"发现"，果实采摘专家专注于对那些自21世纪初之后果实全年无人收割而直接在枝头腐烂的果树进行收割，水果树的修剪还是采用传统的方法，在此人们既能获取用以取暖的木材，也能借此提高苹果的产量，因此来自其他大陆、通常使用飞机或者铁路冷藏集装箱来运输的水果进口将会大幅度减少。为了避免土壤流失，为了从木材利用中达到新和谐，农民种植了新的灌木丛。海边也种植了我们今天众所周知的藻类园，从中我们能够持续循环地获取沼气原料。

土壤修复

地球上的干旱地区可以种植那种具备在盐化地区生长能力的植物，这种植物能够源源不断地向当地的大气层输送水分，从而使得该地区近几十年来的降雨量得到了明显改观；而降雨量能够溶解土壤中的盐分，从而使这些曾经盐化的地区也能够栽培其他的植物，因此地球上干旱地区的种植面积在过去几十年间得以扩大。曾经的工业用地、矿业用地和交通用地上的植被，也同样被用来生产沼气和木屑。植物不仅能够从土壤中吸取一般的矿物质，而且能够吸收污染土壤中的重金属物质。通过这种方式，不仅能够获取原材料，而且能够对土壤进行修复，逐步降低土壤中有害物质的含量。因为有了这种所谓的植物性修复方式，那么再去使用昂贵的土壤置换或对污染土壤进行存储的特殊垃圾场就成了多此一举。在对植物进行利用获取能源的过程中所产生的灰烬不能不经过处理就用来施肥，但不久前新研发的一种方法，能够让人们把贵金属从灰烬中分离出来，并重新作为有利用价值的原料来进行回收利用。

保持对事物的热情

到今天为止，我们总是不断地怀疑这些能够用来替代的能源生产方法是否物有所值，尽管如此，还会有很多人使用这些方法，因为他们相信，通过这些方式能够为自己及所处的环境塑造一个美好的未来。人类是想要为自己的环境有所行动的，但重要的是，他们的活动不能只关注成本效益的计算，而要以适宜的方式开展。这对经营商业的大企业来说尤其重要，但是外行人的想法可以另辟蹊径，首先要认真对待他们的想法，并且用来获取能源的投入务必被视为有益于大众的"项目"，比如把锯木、割草、收割等体力投入组织成一种由身着时髦蓝工装来"完成"的健身活动。与环境相处方式的最新趋势发表在今天还十分流行的《环境健康》等杂志中，其数十年来所宣传的健康活动变得日益流行，导致21世纪初期尚在运营的、提供力量训练房间的很多传统健康中心最终不得不面临关闭的命运。

通过这些杂志的宣传，很多人再次变得与环境亲密起来，曾经很长一段时间他们都或多或少地疏离了环境，同时，他们对土地使用和土地使用者的看法也得到了改变。一方面人们发现了农业和林业之间相互合作的新理论，另一方面也找到了对生活环境感兴趣的人，他们能够共同思考如何对土壤、水源和海洋进行修复。

动植物的基因变化不应受到指责的观点已经获得了普遍认同，有很多措施能够替代昂贵且耗时费力的常规培植方法，从而使得植物种植和动物饲养过程中的必要投入（植物保护措施、疫苗、激素的使用）得以减少，这些投入曾经使得环境颇为所累。人们也不能再继续想当然地对早前禁止的工厂化饲养进行抵制，而是在表达观点之前先说服自己去相信养殖场的品质：品质并不取决于饲养动物的数量，而在于饲养实现的方式和方法，但是这种情况发生的前提是农场要向顾客开放养殖场，并且耐心地向其讲解养殖场的运营方式。新型环境杂志中将起到提供信息的重要作用：它们一方面使公众了解现代农业所取得的成就，另一方面向农场主们说明民众可能会产生的接纳问题。

鉴于这种关联，在此还需要指出，人类在过去几十年间摄入肉类的比例也发生了变化。在几十年前，肉类还是一种廉价的量产食物，因此不得不以一种较低的标准进行生产，而今天的人们越来越关注肉食的品质，而不再像100年前仅仅将其视为日常快餐——营养构成的一部分了，因此肉类的生产不再注重量，而是转而关注品质的提升，同时环境将从中获益：因为只有那些农作物无法生长的农业用地被用于畜牧业和饲料生产。有意思的是，这些用地曾经是19世纪被用来进行养殖的土地：潮湿的山谷盆地和石质丘陵，如今在那里人们能够再次找到曾经一度灭绝的龙胆科和兰科植物。整体来说是因为谷物摄入的减少，以及可以直接从田间获取蔬菜产品的人口数量的增加。

不仅如此，通过说明现代全功能木材收割机对环境具有保护作用，从而使现代林业也获得了公众越来越多的接受。这种设备的投入，成功地通过经济方式实现了原材料最为重要的可持续性生产。

农场主和林场主都会接受公众的想法，比如很多人会观察哪些农业用地会发生规律性的土壤流失现象，那么他们就会通过种植灌木和小丛林来缓解土壤的流失；但是必须通过使用现代化的土壤翻耕和收割设备，它们所具有的巨大工作宽度相比以前的设备来说，既能更好地保护土地，又能不受到任何的影响。

在建造新的能源开采设施、道路交通和长途管道时，特别需要注意向公众阐明工程的意义，首先需要明确地指出环境将如何从中获益，这一点很多人在进行某些道路建设时就不是十分明确，尤其是在21世纪初扩建铁路干线时就曾遭遇过较大的阻力。当人们能够更好地把风能和水能应用到火车运行中时，相较于汽车和飞机来说火车的优势就十分明显了。越来越多的人选择火车出行，越来越多的货物能够借助使用现代化的快速运行设备装载到车厢中，人们通过将许多线路上快速的客运交通同那些较慢的货物运输的轨道相互分离，这使得轨道交通得到了大幅度增长。但是这样的投入却耗费巨大：很多人并不知道，新轨道的铺设首要目的并不是用来提升个别城市之间的行驶速度的，而是要将快车同货运列车分开。

人们引入了比传统老式机车产生的噪音更低的"低噪货运火车"，但是直到21世纪，在许多轨道上依然运行着很多老式机车。如果铁路公司把带有噪音的车轴和制动器的车厢加入到列车中，他们都将为此付出高额的代价，但同时，这也有助于把吵闹的车厢从交通手段中淘汰出去。

农村地区的意识觉醒

人们在小规模范围内保护着环境并且从中得到乐趣：人们开始在自己的院子里种植水果和蔬菜，熬制糖浆、果汁和果酱，从草本植物中收集做沙拉的调料，从森林、灌木丛、小丛林以及自家的花园中获取木材，人们在花园中不再只种植从建筑市场中可以进行交换的针叶树了，而是有计划地像种植森林一样种植多种多样的木材，以便能够从中获取一部分取暖设施所需要的能量补给，取暖设施也确实能够使用多种多样的燃料。

相比对前一晚的电视连续剧或者足球比赛进行评论，人们更热衷于谈论上述的这些日常话题，许多人聚会就是为了共同考察环境，对土地进行开发，也有些人喜欢单独行动。但是所有人面临的都是一个能够与他人共同探讨的话题。长辈告诉晚辈，如何对果树进行修剪，晚辈帮助长辈在房顶上安装风扇，或者在屋前的溪流边安装水车，无论是谁发现了替代大量消耗能源设备的方法，也都十分乐意与大家分享。

总体来说，这种新型的志同道合更多地发生在小城市和农村地区，大城市则比较少。这表明小规模的人口聚集区之所以能够得到更好的能源供给，根本就在于人们之间的这种志同道合，所以现在农村地区正在经历一场生活上的文艺复兴运动。波美拉尼亚北部、阿尔特马克、文德兰、哈尔茨及其周边地区聚集着大量的小型居民区，成为人丁兴旺的地区，他们在小型设备中使用的能源已经全部实现了本地化。这些地区粮食自给的比例也得到大幅度提高，食品店兼营或义务提供邮寄服务，儿童保健、老人养护以及其他的社会服务将会在当地的餐馆中进行组织。在那里人们不仅能够订购当地产出的菜品，而且还能够在那儿聚会并且组织有益于环境的活动。

第二次技术革命

整体来看，如我们今日所知，第二次技术革命发生在 21 世纪，同 18 世纪初发生的工业化一样都对环境产生了巨大的影响，只是现在已经不再使用化石燃料了，这些化石燃料变革了人们的生活，同时也给环境带来了伤害。现在，人们开始借助最现代的技术和满腔的热情对土地进行开发，同时使其免受有害物质的侵害；人们几乎不再使用不可再生原材料作为能源供给，这一点在今日已经不需要特意去强调了。

一种曾经在历史上不再使用的原材料，而今在全新的条件下找到了新的用途。和平利用核能最近重新开始，人们首先就要动用一开始计划好的、有幸存储在几十年前的矿井巷道中无法接触到的放射性废物，然后通过太阳能电池驱动的宇宙飞船将其运往月球，通过那里的核反应堆进行发电作为地球本地生产能源的补充。因此，即使发生一场反应堆事故也不会对地球上的生活产生任何影响。尽管如此，所有在地球上制订的核能利用的环境标准，也需要在月球上得到严格执行，因为月球环境同地球环境一样都需要得到保护。利用月球反应堆发电的工程进展十分顺利：在整个月球上运营的核电设备几十年来都没有发生过一起值得关注的核电场事故了。

大量的电能被储存在巨大的电池中，通过上述的宇宙飞船运回地球，同时翱翔在太空中数十年的太阳能电池板也生产电能源，这些置于电池中的电池板由宇宙飞船带回地球，来补充能源供给中依然存在的缺口。

对环境的理解是创造更好环境的关键因素

刚过去的几十年间，其实环境获益最重要的是人们对其理解的加深。大部分民众越来越深刻地理解到，如果人们想要保持20世纪初的常见植物和动物的物种，就必须对丛林、草原和果园进行维护。人们现在经常会咨询农场主和林场主的意见，要知道，过去他们曾经将其视为环境的敌人。农场主和林场主采用农业经营的新方法，向人们展示如何更好地利用环境，保护环境。通过这样的方式，使得曾经或多或少郁结在专业土地开发者与顾客之间的敌对情绪得到化解。人们已经普遍地认识到，要想保护大量的动植物物种在我们环境中得以延续生存，通过某种方式对环境的开发和利用是不可避免的。如果人们再把可再生原料的新型利用方式同该目标相联系，那么将会大大增加人们对环境投入的热情。

我们今日以及未来的环境状况，将越来越强烈地依赖于我们获取能源的方式，过去几十年的经历已经表明人们不能再将这项重要的任务交由某些活动家了。第二次工业革命成功的关键就在于人们认识到了越来越多的人能够把他们的想法和意见融入问题解决的过程中来，但是前提在于要给予他们深入钻研的自由。当人们意识到这个目标能够多大程度上与社会问题产生关联时，也为环境打开了一个良好的观察视角。只有当人们感觉到自己的所作所为带来了乐趣，才会将自身完全地投入到环境中去。

此外，还有一个认知令许多人惊讶，那就是摆脱环境危机的道路还能够带来更多的经济增长，这实际上是所有使用先进设备的人共同作用的结果。工业从新型设备的销售中获益匪浅，环境并不如人们在20世纪末和21世纪初所设想的那样，通过限制经济增长才能守护，恰恰借助经济增长而得到了促进。

汉斯约格·库尔斯特（Hansjörg Küster）1956年生，教授，博士，生物学家。1998年起任职于汉诺威大学莱布尼茨植物学院，重点研究生物学和农业基础理论。

维尔纳·乌彻（Werner Wutscher）

2112

百年后的饮食

在20世纪和21世纪初期，食品工业的生产者和贸易商构成了食品供应的主要源头，但是到22世纪时这种情况将会发生根本性转变：在整个系统结构中，消费者将成为最强势的群体。他们变得更自信也更有批判精神，他们密切关注着他们购买和进食的东西，即使他们为了获得相应的品质而支付高价时也是如此。因此，相应的政策、经济，农民、加工者一直到分销商都需要对此做出反应。

因为食品具有稀缺性，同时人们也为了再次追求良好的营养价值，在22世纪时，粮食政策将会成为一项核心命题。基于繁复的网络化连接，国家治理会上升到全球的层面。除了国际组织外，还会新成立很多在食品领域活动的强大的非政府组织。

我想通过十个论点具体描述一下未来的图景：

1. 职业的变化将会带来一场植物原料生产的文艺复兴

食品的生产将经历一场文艺复兴。一方面购买土地成为一种更为保险的投资方式，另一方面很多人都想再次投身于农业原料和食品的生产，因为这的确是一桩好生意。这就导致除了农业食品生产商外再次出现了许多农场，它们的所有者来自其他行业。这些跨界的人们将会以支付工资的形式雇佣职员或者当地的农民来运营农场。他们的参与对于整个农业产业来说产生了巨大的推动作用：新型农民的新型农场尤以高效和创新而闻名，因为他们凭借的是他们从其他行业中积累的知识、经验和财力，这些能够为农业及其服务和生产类型带来新的生机。

城市化在全世界范围内大踏步向前发展，但是这并不违背初级原料生产领域中兴起的文艺复兴趋势：基于土地的稀缺性和城市居民对自然的向往，农业原料能够种植的地方有很多选择。未来在城市中种植蔬菜将会成为标准组成部分（城市花园化），城市房屋的屋顶同样可以用来种植蔬菜。在办公室和公寓中的鲜花仅有装饰作用，未来取而代之的将会在办公室和公寓中开辟小型室内花园，其中种植的蔬菜和水果可以直接采摘食用，这表明了消费者与初级食品生产更深层次的重新连接，是一种我们的父辈和祖父辈由于工业化进程的原因而丢失的一种经历。

公司把公司园艺作为保健活动和团建活动进行推广，很多公司会在屋顶和办公区域开展园艺活动和蔬菜种植活动，因为有证据明确证明，置身于植物之中开展工作是一种有效缓解压力的方式。此外，公司食堂还能够对蔬菜进行加工，由此来提高可持续发展的指数。

2. 肉类消费急剧回落，动物制品受到大规模制约

世界上将会出现两种激烈的且部分相悖的发展趋势：

在南部地区，随着亚洲、非洲和拉丁美洲家庭收入的提高，提升了牛奶和肉类在饮食中的地位，所以肉类的消费持续走高。同时，因为拉丁美洲、亚洲和非洲良好的经济发展极大地提升了民族自信心，也就打破了西方生活方式的文化霸权主义。部分民众开始回归他们的传统价值和饮食习惯，并且有意识地抵制西方的生活方式。

北半球的民众大部分还是以素食为主，饮食主要为植物类，也包括牛奶制品和鸡蛋。肉类绝对是一种奢侈品，人们不经常且很少量地食用，在地球上的一些地区甚至只有应传统的需要，如在重要的节日期间才会吃肉。平常，在很多地区和社会阶层中出于动物保护的原因也是绝对禁止食肉的。此外，对于欧洲和美洲的一般消费者来说，因为肉类价格高昂，所以他们也很难负担得起食肉的支出。除了消费者对高品质的期待，还因为肉类生产中所规定的严格的动物保护义务：作为对消费者施加压力的反应，立法者禁止了动物饲养过程中很多今天通行的实际做法，例如对乳猪进行无麻醉阉割的做法就被禁止了。

总之，以上这些变化的目的都是要实现食品资源消耗的可持续性：虽然越来越多的人需要供养，但总体的肉食生产以及与此相联系的巨大的土地、能源、饲料和肥料投入却需要减少。

3. 食品会受到越来越多的重视

食品需求在未来将会急剧攀升，一方面这是由不断增长的世界人口所带来的结果，另一方面也来源于能源领域中快速攀升的需求，生物能源将会剥夺食品生产的土地。食品和能源生产之间的竞争将逐步导致农业原料价格攀升中极端高价的出现。

为此人们需要应对气候变化带来的挑战，并且禁止将农业用地应用于基础设施建设项目，这导致了可用农业用地的减少。全球变暖也带来了世界范围内种植区域的向北推移，因此俄罗斯变成了一个十分重要的农业原料（如谷物等）的出口国，而欧洲和拉丁美洲在世界粮食市场上的份额因此丢失。这些国家只能在一些具备灌溉条件的地区才能够进行粮食生产。

所有这些因素都最终导致了更高的粮食价格，生产商和贸易商扔掉粮食的做法也不再有利可图，因此价值链的重点将会落在实现最大程度地减少粮食浪费上。公民社会将会掀起一场浩大的运动来减少粮食浪费，这也迫使超市供应链对其商业模式进行巨大改变，而20世纪时商业模式还是受股票价格和大宗货物交易主导的。

4. 消费者将会变得更强势、更有远见

在未来，消费者中仅会有小部分人依然选择去商店中购物，

在欧洲、美洲、拉丁美洲和亚洲的发达国家，绝大部分食品采购都是在网上进行交易的。大型贸易公司的物流中心将会融合进网络公司中，固定地点的食品贸易将会减少，超市也会变得越来越少。借助通信技术的进一步发展（例如近距离无线通信）和传感通信手段的集成（传递气味），网上贸易将能够调动消费者各种各样的感官感受，这也就打消了这种购物形式最后的壁垒和限制。

这种借此实现的高度透明将会极大地增强消费者的权利和他们的参与程度，从而为利基市场的培养提供良好的土壤：找到一种食品并进行购买要比在只能开展固定场所贸易的时代更为简单。同时，消费者也能获悉产地和制造路线的确切信息，包括质量原则、准确的组成成分以及任何过敏成分，他们会比以往更积极地参与到整条价值链中。生产者和贸易商的业务布满全球，但是会发展和带动本土品牌。

购买行为也会进行细分：智能家居系统将无须人工操作自动订购日常所需的牛奶、面包和水果等食品。此外，在溢价区内还会开设精品食物店，在这些店铺中会提供具有极高价值的产品和特色食品，例如来自附近区域的当地菜品。这些既可以在固定场所购买，也可以通过网络购买。特色产品同样也会应顾客要求直接送货上门。

在预防贫困的过程中还会探索出新的干预措施——即使是在富裕国家：对贫困群体的支持，一部分会以食品代替现金的方式由官方直接进行发放，基于网络平台的传播，使得这种扶持变得有的放矢，并且能够精准地根据需要来实现。

立法者在这个领域内回归为一个国家层面的宏观调控角色，因为通过国际认证系统已经能够实现对质量的管控。控制滥用和数据保护的问题，在在线贸易中扮演了重要的角色。

5. 食品成为社会政策和健康政策的固定组成部分

过去食品科学以卡路里的数量为研究中心，但是科学知识已经证明，虽然饮食产生的是生理影响，但是绝大部分影响是由生理和社会因素共同决定的。这也导致了健康政策和社会政策将会更多地关注民众的饮食。烹饪和饮食被视为社会稳定的关键因素，将会得到极大推进，因此饮食知识、食品的处理以及烹调将会成为所有学校的必修课。

致贫之路源于文化和社会能力如管理家庭、烹饪和理财等能力的缺失，负责任的政客会把这种认识转化为计划，通过这项计划来激发并培训公民在这些方面有所作为。城市中的永久性花园会为民众提供比21世纪更全面的、直接接触初级产品的条件。

体重超重作为一种社会现象并不仅仅发生在工业国家，在亚洲和拉丁美洲的门槛国家也发展成为一个巨大的问题。超重的原因主要源于西方的生活方式，缺乏运动。必须在医疗保健系统中投入大量资金用于应对由此造成的损害，这将使卫生部门采取严厉的措施。通过强制运动和锻炼来证明，健康的生活方式已经成为健康保险中的固定组成部分。

6. 饮食变成国家和个人医疗保健的重要部分

政治和——尤其是受教育的——民众阶层把饮食作为保持身体健康的手段，在线服务能够上门提供符合个人需求的饮食结构的成分，比如提供一些抑制高血压或糖尿病的食品。

健康的饮食成为良好生活方式的一部分，卫生系统从这种认知出发，基于其自身的责任与义务试图为民众提供健康且合理的饮食。这种情况下量身定制的功能食品，即具备特殊生理功能的粮食就开始投入使用。对于每个能够确定基因疾病风险的个人来说，食品具有的预防作用是不同的，因此饮食也就成为一种重要的健康预防手段。

这种情况下，节约时间的方便食品或成品食品，和用新鲜食材准备的菜品之间的矛盾就得到了化解：以后会产生一些餐馆能够根据要求量身烹制健康菜品，并且直接送货到家，还会出现适合自助烹饪人士的在线服务，能够及时地提供合适的食品和配料。

7. "优质农业实践"的评价标准将大幅加强

在欧洲，仅仅是"有机"已经不能再满足消费者了，对于挑剔的消费者群体来说还需要对其生产基础进行描述。同时，该领域内的有机标准及相关法律规定得到了快速发展。在有机农业中，另外遵守的"可持续食品生产"社会标准成了一种义务。环境的均衡和社会的承载力是生产需要遵循的最低标准。

所有的标准将会在全球范围内制订，像"全球食物农业实践"等那些为农业确定全球化标准的既有独立组织和系统，将会定义农业标准。由于跨国贸易量太过巨大，所以国家层面的规范也就会变得无足轻重。

地球上很多地方将开启"高效农业"模式，这种模式尽可能消耗更少的资源，确保能够最少地使用农药和化肥。种植经过基因改造的植物，比如比原来品种更加耐旱的植物。在未来，气候条件的变化将成为农业作物种植的通行标准，否则由气候变化和农业用地持续减少带来的挑战将无法应对。

8. 尽管争夺农业原料的冲突愈演愈烈，但是借助创新依然能够进行调和

粮食生产的区域化仅会占据较小的比例，整体上来说由于全球化的发展，农业市场的联系将会比以往任何时候都更紧密，粮食将会在全世界范围内进行交易。

因此，欧洲的粮食价格不会与地球上其他地方的价格脱节，欧洲如何使用农业原料不仅会影响到全球市场，也会受到全球市场的影响。

价格的剧烈波动会导致国家采取相应的措施对农业市场以及农业原料市场进行规范，尤其是出于合理分配市场份额的目的，但这并不是国家层面能够完成的，需要在整个国际层面上来推动。

FAO，联合国粮农组织将会成为协调所有这些活动的重要平台，成为解决问题的关键。

"土地掠夺"是一个不容忽视的议题，主要关注的是大型跨国公司所持有的农业用地和基因资源，他们早前曾经在非洲和拉美购置了广袤的农业用地。国际社会最终会找到解决办法以确保这些土地上的生产活动符合大众的利益。

针对农业原料和粮食所产生的冲突和战乱纷争，最终都将通过创新方法得到克服。众所周知，粮食的分配，排除救灾活动这种情况，并不是有效地解决地区饥饿的办法，很多以分配食物为运营模式的非营利性组织在未来将不复存在。

未来，专家将致力于克服粮食供应中的地区瓶颈。众多周知，在供应保障过程中农民能够起到比士兵和战争更有效的作用。"智慧力量"是指在一些供应不足的地区，会有一批熟悉高效农业及农业生产方法的农业专家作为"国际待命部队"随时准备投入解决问题，他们的任务是同当地民众一起致力于改善和提高粮食生产。只有当知识能够直接传递给当地民众并对其进行改变时，才有可能快速且持续地解决粮食冲突。

因此，农业领域的知识分子将会成为炙手可热的专家。

9. 世界上的饥饿将会被战胜

不考虑地区分配问题的话，世界上的饥饿将会被战胜，不是通过该领域内的非营利组织，而是通过很多发展中国家和新兴国家对农业发展的投入。这些国家认识到，除了高歌猛进的城市化外，也需要重视农村地区，因为这些地区在经济发展中扮演着关键性角色。由于粮食具备较高的价值而使得农业经营变得有利可图，所产生的结果就是投资者对这个领域进行投资，这会使成百上千万的个体农民受益。他们是世界上最贫穷的一群人，通过这样的发展最终分享经济繁荣带来的果实。

10. 未来对粮食的控制政策将会通过"智能管理"得以贯彻

粮食政策，特别是粮食供应安全位于政治优先级别的最上层，一些国家在面对网络化和全球化农业市场提出挑战时会显得无所适从，但是大型跨国康采恩所面对的是成熟且十分挑剔的消费者，他们通过社交媒体进行组织，与全球相连接。

活动在该领域中的如食物钟表、动物保护团体或者卫生团体的代表将会在国际规范制定过程中扮演中心角色，消费者直接参与到粮食生产和贸易中将会成为普遍标准。至于他们的公共代理，则由粮食非营利组织接替环境非营利组织发挥作用。经过 21 世纪的一场危机之后，国际组织将会发挥越来越重要的作用，通过与政府、联合国农业组织等国际组织、经济和公民社会的有效合作，未来的挑战将会迎刃而解。

维尔纳·乌彻（Werner Wutscher）是可持续发展，尤其是粮食和绿色科技方面的专家，2012 年 5 月起成为独立的公司咨询师以及可持续发展和媒体领域的天使投资人。之前20年的时间里他一直身居公司（REWE国际股份公司董事会）和公共组织（奥地利联邦农林、环境和水利部）的管理要职。乌彻还担任欧洲生态社会论坛副主席、奥地利可持续发展商业协会的董事会成员、高地陶恩国家公园友好协会主席和达沃斯世界经济论坛的青年全球领袖。

克劳斯·莱格维（Claus Leggewie）

2112

百年后的政治

在亚瑟·布雷默（Arthur Brehmer）等人百年前描绘的领域，政治根本没有代表性——被认为是对世界的狭隘看法，或者只是作者的意见。让我们通过回顾过去的空缺来展望未来，并尽可能地填补空缺。历史学家用回顾以前的预测的方法做了最好的预测……

1910年绝对是极具政治意义的一年——战争苗头开始显现，革命活动得以策划和实施，以至于无论在不同国家的联合，还是在国家内部结构上，1920年的世界同1910年的世界都无共通之处。哈布斯堡王朝、奥斯曼帝国和沙皇俄国等帝国土崩瓦解，德意志帝国也不复存在，一个新兴的世界强国——美利坚合众国诞生了，一场东西方之间由政治意识形态对抗迅速转化为军事和经济冲突的较量拉开了大幕。如果说当时自由民主、议会民主和总统制还是少数的话，那么现在这个数字则在全球范围内得到了增长，当然也得益于妇女自1918年起在多数地区获得了选举权。然而，公民自由和人权保障的扩大所带来的收益，却很快遭到了独裁和极权意识形态和体系的压制——斯大林和希特勒在20多年后为世界盖章定调，始于1910年由不同阵营和国家来主导的大屠杀时代在此时不幸地达到了高潮。世界上大部分地区还是殖民区域，但是在殖民地却兴起了独立运动和自由斗争。

1910年的人能够设想到今天所发生的事吗？这是一个学术性问题，但是它却直指乌托邦实验的核心，这些实验在笃定世界观崩塌之后已经衰败成了场景实验，且成为一种专业领域的行为。

殖民地的未来总是由一位公开的殖民者来书写，就像由著名的和平主义者来书写和平或某位被驱逐的社会民主人士来描述社会问题，庆幸的是德国早就摆脱了这种命运。这种情况的发生完全包含了政治因素，但是却无关当代人所理解为国家机器和外交以及之后囊括人民主权原则的政治。在当时还没有产生这种意义上的政治学，但社会学却早已开始在时代诊断中大步前行。

对过往的追溯让所有针对百年政治状况做出的预测都如梦初醒，回归了现实。在写作这些警世文章之际正值欧盟面临土崩瓦解的风险之时，全国的政治精英们都屈服于金融资本（notabene auch kein Eintrag），但是如果人们能够准确地预测下一次联邦议员选举的结果（今天）、（典型的）近东冲突在未来5年的发展趋势和未来10年欧洲形态（废墟还是涅槃？）的变化，那么人们还是感觉十分满意的。

只需要鼓足勇气而已，1910年的畅销书作家并没有放浪形骸，而且那些时至今日阅读过他们书和文章的人，也无法在政治生活中保持两耳不闻窗外事。在我得出结论之前，我借助现实中一种发展趋势来整体模拟了两种极端，且可以说是难以置信的可能性。德国海盗党，柏林共和国出现的一颗出人意料的新星预言道，得益于由他们所推动的液态政治（"流动民主"），未来将不再需要一个这样的政党，因为"政治作为一种职业"（马克思·韦伯，1918）和业余群众之间的这对根本矛盾将会消失并被抛弃：公民＝政治家。一个经由在世界网络中通过数字沟通而由公民自发组织的无政府主义乌托邦诞生了，同时国家的界限也失去了存在的必要。

美国革命、法国革命的先驱们和哥尼斯堡的康德教授，曾经梦想18世纪的出路即为世界主义，而真正的世界主义则先要扩大民族国家和民族主义，然后再消灭世界主义。估计海盗党中的职业政治家也会因为一些老生常谈的原因而一事无成，就像绿党一样，他们已经见识到并学会了这项事业具备哪些吸引力，人们该如何利用马克思·韦伯的理论来举重若轻。另一方面，政党政治在2012年就已经透彻地讨论过了，很多问题本身就很严肃，比如人们是否还需要政党政治。

在人们尚未对一些想法司空见惯时，即在社交媒体时代，社会环境果真丧失了某些稳定和约束力，民众最终（2112）会实现完全自治（当前还无法就细节详谈）。另一种情况也有可能发生：后民主——随着对1910年的前民主进行追溯而出现的——和后政治，原因在于——正如古雅典时期的民主之父和与其志趣相投的汉娜·阿伦特所熟知的——政治只有在民主共和的形式下才是严格意义上的政治：它的开创同很多其他的包括人类的诞生一样，自从1776年美国自由革命便开始了不断的实验探索。

但是我又转念一想，想象一个不存在民主政治（曾经1910

年的预想）的世界的灾难场面，不去深思如何改善而是深思如何破坏这种局面。科技设备占据统治地位，被专家所操控，由147家企业集团进行资助。为何是147家？这个数据是由苏黎世联邦理工学院的一项研究中得出的，这也是当今举足轻重的企业集团的数量，他们作为宇宙主宰者统治了世界的命运，并且作为"市场"能够牵着政治领导和公民社会的鼻子走。如T.C.波义耳在他2011年出版的小说《一个地球的朋友》中所设想的，一个气候政治的应急体制能够匹配这样的技术统治，一个赛莱菲式的神权政治就应该对应别的形式。

我既能想到这样的一种后民主，即一种友好的极权主义，交易电视不断地进行播放，但毕竟还可以自由地进行选举。此外，也同样能够想象到一种以互联网为基础的脸书民主（由于我并不具备这种反乌托邦的天赋，所以我并不想再次详细地进行刻画），所以我干脆将两种解释直接切换到科学技术的层面：为了展示2112年政治的一种确定和不确定的物态，我将会进入第二未来——就像我们将要生活在其中一样，当我们既不想被脸书谷歌推特亚马逊微软的糖衣炮弹所腐蚀，也不想在波义耳的炙热淫雨和海平面上升1米甚至更多的环境中成为别人眼中的动物时。

只是因为一时失去了对古典自由民主的兴趣，我们依旧既不想落入后隐私时代的温柔法西斯主义之手，也不想被生态专政统治。换言之，这之后最大的轰动事件可能会是2112年的到来。我们将继续与5到6代政治家进行25次国会选举，350次州议会选举，举办联盟会议，通过不信任投票来解散政府，取消一些部门机构（比如之前的邮局），再为此设立一些新的机构（比如之前的环境部门或者现在的网络部门），赞美具有代表性意义的政党政治，多么无聊但同时又很激动人心。即使很有可能并不会成功，但是只是施加到了外行人身上，这就会带来最高的政治份额！甚至还可能通过《时代周报》和《明镜周刊》这些印刷形式……

乌托邦政治实现的框架条件出现了一个重要的变化，这一点是需要考虑的：政治实现的空间受到地球边界的限制，人类创造了当代地质发展阶段所处于的"人类世"，地球边界将人类行为置于"人类世"如气候变迁的塑造中。每一种"回归自然"的理想主义及其应用都能够通过技术——装置理性来进行调节，这需要有生命的（生物多样性）和无生命的自然界（气候）来共同演绎。于是便产生了一个时间问题，人们既不能通过短时的实用主义（艰难度日），也不能通过政治理论上的逃避主义（伊斯兰教即是这种解决方法，天堂只对虔诚的教徒敞开大门），甚至不能通过老生常谈的经纪人唯我论来消除这种压力。实际上，未来受到了现实的限制，并且已经完成一部分的预制，我们已经触碰了很多地球的边界（二氧化碳向大气的排放），甚至已经越界（物种灭绝），因此我们已经无法像日常民主政治所褒奖的那样再去"购买时间"。

对于职业政客来说，这是对自我感觉良好最大的伤害，但也许这也制约了他们无所不能的优越感，这种优越感并不是因为他们的能力和天赋的在日常生活中受到限制，而是因为国家机器能够给予他们的无足轻重的控制能力而使他们出尽洋相。

不同于民意调查得出的悲观结论，我几乎对所有的职业政客都高度赞许，唯一值得批判的，就是他们对于谈话节目中媒体机构所给出的忠告而采取了一意孤行的态度。之后10年中这些媒体机构的消失构成了一个重要的前提，即传统意义上的政治到2112年还依然存在，但是可能在严肃的"人类世"的思想中失败！

我不得不说，迂回论证中的亮点是对未来的反射。1910年原丛书的出版商和作者具备一种令人钦佩的能力，能从现世来线性地导出未来的模样，其典型的现代时间轴直直地指向了前方，一路指向了灾难。同时期的罗伯特·穆齐尔（Robert Musil）早已清楚地感知到了，在他于《没有个性的人》这个今日看来特别具有共鸣的题材中给出了"可能性意义"的调查和改写时，穆齐尔的主人公乌尔里希将其定义为："……考虑所有能够同样好的可能性和选择相比之下更重要的可能性。"可能性意义是对现实性意义的补充，其中包括概率论，概率论使得世俗社会摆脱了对命运或者神圣缘分的信仰，而能够对可能事件的（不）出现进行计算。在某些方面则出现了替代概率论，例如它能够决定我们的股票交易，人们也可以把这种可能性意义称为可能主义。

现在简短地谈一下穆齐尔：身为数学家、工程师和知识分子的乌尔里希决定用一年的时间来休一个"生命之假"。由此，他便失去了能够看见的眼睛，因为他无法给予生命更清晰的方向和更深刻的意义。无厘头和无序是现代小说变得"无法叙说"（以一部完整的叙述体来考察，比如经典的教育小说）现实的一种特征,它们无章可循,"而是在一个无限交织的平面上进行铺陈。"共时性出现在历史的位置,角色与小说主角的自传体发展共存。

现在我们冒险地用今天的社会研究来对1930年出版的小说开展行动:李·克拉克,来自罗格斯大学的社会学家,在他2005年出版的书《最坏的情况》中抨击了社会和社会学对正常性进行固化,它们固执地坚持"惯常"现象而对稀有现象如灾难和其他的极端事件交由技术辅助手段、风险管理者和神父听之任之。在此过程中,特别极端的个例教育了我们,生存世界的正常性是什么,它在今日越来越经常地出现在危险区域。佛罗里达州有一半的人口生活在海岸,那里经常会出现飓风和海平面的上升,并且这种趋势正在逐年增加。

类似卡特里娜飓风一样的灾难事件提高了对现代社会脆弱性的极高关注,借此可以对可能主义的潜力进行阐述:那些从未发生过并且世界上也"从不可能"发生的事情正在每天发生。偏执狂将其作为思想的核心,他们同时指明了大多数理性算计中的些许疯狂之处。哈里斯堡、切尔诺贝利、福岛(和比布利斯)的核泄漏概率都被归类于"极小",但是我们恰恰就是要对这些可能情况的非现实性进行评估。

然而,穆齐尔的可能性意义有两个入口,其中很可能存在着可能主义的奥妙。直到不久前,所有人们能够用来抵制传统工业主义路径依赖的退出和变更方案看起来还不太现实。卡特里娜飓风和福岛核泄漏事件改变了关注焦点,以至于现在忽然间隔绝灾难的可能世界也显得更为合理了。和平利用核能的支持者口中所谓的现实主义一直就是一个谎言,即使在法国和土耳其;而看起来更现实的,则是依赖一直以来都十分昂贵的替代技术和基础设施的路径。这种方式把政治从玛吉·撒切尔一直到安吉拉·默克尔所主张的无可取代的教条中解放了出来。

在这种情况下出现了"反思未来":未来不是我们能够确定的,但是它也并非是加之吾身的命运,它是由一种克制的、乌托邦式的轻松形式来进行塑造的。这样的话我倒是十分乐意提供一个和解和终结的建议,现在我要在政治学意义上变得严肃些:把建立未来协会作为政治分权的一个创新。通过一定程度的未来考量来对公民代表进行调整,这是一个在民主理论和宪法政治角度能够展开的建议。人们能够从中总结手段和方法来预料在咨询机构或者增加的协会中未来世代(假设人们具有美德之心:更多地延续了当今的政治)在决策过程中会出现的利益状况,并且能够给他们一个(虚拟的或者代理式的,也就是代表)发声的机会。

早在政治哲学和新闻学中进行过探讨的想法触及了代表性的基本思想,这种思想早在欧洲中世纪时就已经体现了政治——行政秩序的核心问题:人类整体(大众)如何在庞大的分工社会和大众民主中(也就是一个以数量统计且对问题情况一目了然的城邦或者市区),通过集会得到合理且适合的代表,并在普遍、平等和公正的程序中进行选举?即使是在今天,代表民主的标准类型中就这个问题也存在着多种多样趋近完美却永不可及的答案——代表从来都不会是完美的。比如在社会结构不完善的政治精英阶层就存在着曲解，这些曲解来源于选举流程，以及接受选民基于信任的授权，并且能自由支配授权的大众代表和通过选举所产生的民意代表团自治之间的失衡。除此以外，还包括议会分庭中恶名在外的党派纪律、多次选举而产生的"权力世袭"，等等。

在考虑到未来意义时，女权主义政治学家简·曼斯布里奇称其为"替代代表"，也就是具有特殊意义的选民代表，它无论从空间还是时间上都不属于普通的代表选举圈。举例来说，有一些人他们不属于某个特定的民族国家，但是又完全受其所作所为的影响——某种状态会随着经济增长和全球化变得重要。还有一些尚未获得选举权或那些还没有出生的选民，他们的生活环境受到了当下所做和未做的决定的巨大影响。有两场政治实验尝试着系统性地描述假定的未来。按照我们的理解，抽签委员会（"抓阄协会"）与直接或间接地在选举过程中对儿童和青少年进行代表的方式更为适宜。一方面儿童选举法更多地在假设而不是保障"未来利益"，另一方面，按照格赖夫斯瓦尔德政治学家胡贝图斯·布赫施泰因的话，那些抽签委员会能够更有效地对这些未来利益进行保障。通过抽签的方式产生的委员会，是一种经由偶然而组成的背负最初政治任务并获得激发、建议和／或决策能力的组织。这种理论早在古希腊罗马时期已经有所实践，并且由领先的民主理论学家罗伯特·达尔赋予了新生。根据彩票系统对美国——美洲的陪审团法庭所带来的正面经验，达尔建议抽签选举，并且由财政补贴的"咨询委员会"应该指派给现代民主国家中有大城市的市长办公室到美国国会最后一直到白宫的各个重要机关。这些委员会应该在几周的间隔中碰面同那些当下负责的职业政治家讨论对他们很重要的话题，并对其抛出他们的问题、看法、疑问和建议。

达尔把这种想法进一步发展成为一个"微型大众"的概念：一个国家大约会有 1000 名公民通过电脑随机选中，他们的任务是由国会（或其他的负责部门）指定他们在较长的一段时期内就某个特定的问题提出建议或者给出可供选择的决策。成员既可以面对面地会面，也可以通过电子手段进行交流，想象一个由多个"微型大众"组成的网络，他们能够同时就不同的题目在不同国家层面上进行磋商，口头辩论，在议事流程的最后会给立法机关出具一个政治建议。

对于整个政治体系来说，这种协商委员会具备的完美优点，在于它在职业政治家面前就代表着明确的公民选票，从而连接了增强公民和职业政治家之间合法纽带，同时抵抗了不断蔓延的猖獗的政治（家）。20 世纪 90 年代联邦德国得出的技术评估（用来评估技术风险创新的程序）中的经验，并非总是令人高兴的。那么首先就要归因于它并不是以决策为导向的，而仅仅是以建议为导向的一种程序，而它的接受者——主要是机关单位——去考虑这些建议时就会犹豫。如果整个组织的决策权力变得很小或者对于参与者来说几乎无法感受到（除了声名在外的公民共识会议），那么，很明显在协商委员会的成员中将会出现一个动机难题。

"抓阄协会"的建立是对短期政治表达问题的回复，原则上说，在抽签委员会中进行建议十分适用于代际跨度较大的重要议题。因为迄今为止的研究不仅证实了其对参与者产生了巨大的学习效果，而且证实了提出的论据所具有的某种普遍主义压力。因为这些偶然组合在一起的参与者与那些同政治网络已经稳固地连接在一起的政治家相比，不会完全以利益为导向来进行辩论。抽签选中的公民表现出了极高的公益导向性，虽然这并没有解决所有的问题，但却解决了部分的难题。

但这不会破坏旧的分权原则吗？不会，因为"众议院"必须与民选机构严格分开，选定机构的参与者遵循与洛斯卡默尔成员不同的行动路径。作为选举分庭中的少数派，他们很容易陷入党派联系束缚中。最终，改革政策路线把"众议院"纳入现有的制度安排中，将产生明确分工及具有约束力的任务和责任。这包括从强制性意见、暂停能力到某些否决职能；根据层级（市镇、州、联邦、欧盟、全球），未来一定会考虑建设这样的机构场所。我们不仅需要在气候友好型技术和融资工具方面进行试验，而且还要在环境和技术冲突变得更加重要的政治决策领域进行试验。

克劳斯·莱格维（Claus Leggewie）曾在吉森、哥廷根、纽约、巴黎、维也纳和维藤——黑尔德克教授过政治学，曾任职埃森文化学研究所所长，并且是联邦政府"全球环境变化"学术顾问团成员。他的最新一本著作为《南方的未来：欧洲地中海联盟如何获得新生》（柯尔柏出版，汉堡，2012）。

彼得·卫博尔（Peter Weibel）

2112

百年后的 Exo 进化

每一种看似抽象的基础研究总是会以应用技术结束。让我们以戈特弗里德·威廉·莱布尼茨（Gottfried Wilhelm Leibniz）（1646—1716）为例子。通常1、2、3、4、5、6、7、8、9、0这10个数字可以组合成任何数字。莱布尼茨设想只用两个数字，也就是1和0来组合所有数字。这个研究在他那个年代被视为如此智慧的哲学家最单薄和最无用的发明。如今，二进制是所有电子数字信息和通信技术的基础。

20世纪的基础研究，从分子进化到物理的粒子，为21世纪的新技术提供了前提条件。重要发明之间的时间跨度会变得越来越小。我们来看管道的发明（1879）：晶体管（1947）代替了管道，再到集成电路（约1960）又代替了晶体管。可以说当今社会变化的速度呈爆炸性增长。事物、想法、理论的发明和其物理实施之间的间隔变得越来越短，单纯从技术手段的发展上我们也能感受到这样的变化速度。照相技术发明和应用之间用了112年，电话用了56年，收音机35年，雷达15年，将理论转化为应用分别需要以上时间。原子弹从发明到应用只用了6年多时间，微电子技术领域的进步仅仅需要1年半到2年。摩尔定律指出大概每 2 年集成电路的集成度会增加一倍，也就是计算机芯片上每个单位面积内的晶体管数量会增加一倍。

同样的增长也发生在人口数量上。直到 19 世纪中期，人类数量才达到第一个 10 亿。1930 年，仅仅 80 年过后，世界人口数量已经达到第二个 10 亿。又过了 30 年，1960 年时我们已经有了 30 亿人口。15 年以后，1975 年，人口数达到 40 亿。如今，地球上生活着 70 亿人口，也就是说在过去的 150 年，全球人口翻了 7 番。

在科技发展和人口数量增长速度之间存在因果关系。经济学家托马斯·罗伯特·马尔萨斯（Thomas R. Malthus）在他的著作《人口学原理》（1798）中预测食物增长算术级数和人口增长的几何级数之间的差距将导致全球饥饿疫情。然而，差距没有出现，因为技术发展，即基于技术条件的食物的生成和分配确保了为越来越多的人口提供食物。10 亿人不仅需要生活的环境，还需要信息空间。藻类和植物借助光合作用获得吸收大气层气体的地球环境，这经历了数百万年时间。400 年前，我们才开始知道地球外部还包裹着电磁波。而直到大约 100 年前我们才能够利用这种电磁波，用于无限信息传输。所有的远程技术，从电话到电视，都开始于 400 年前的地球电磁波基础研究的技术应用。百年以后，信息环境将会像大气层一样自由。未来我们不用支付任何数字交流费，就像我们今天不用为呼吸付钱一样。

因为我们处在物质改革的浪潮中。由于技术入侵进入原子和分子的微观领域，现象不再可视，更多地要通过其效果证明。物质的聚集状态，即液体、固体、气体成为可变的并可以受人控制的。一块石头会在借助新的分子物质搅拌的情况下变成气体。而它在重新搅拌下又能够变成液体。这样,世界也将不断变化。

微观层面的操作将使物质的新特性可视化,并且实现超出我们目前想象力的全新的工具和仪器。几百年以来在技术光学主要关注光源的折射之后,我们开始通过全息照相术和3D影院模仿光的未来作为衍射。电视机将缩小到指甲盖大小。不过它们要么像褶皱的纸巾一样可以折叠,要么可以借助微型辅助仪器放大到供眼睛观看。当然我们要戴专门的眼镜,这种眼镜可储存我们所看到的景象并随时调取影像,通过视觉还可以随时将假想或者真实的传感信息叠加。这种专门的眼镜将获取的信息增强成为现实,就像真实的物体。我们周围环绕的都是数据,与真实世界毫无差别。通过专门的眼镜,我们把手伸向空气,而眼前就像拿到一本书,可以打开它并阅读它。

光作为数据传输的媒介也具有了新的功能。不仅会有大量可编程、传输和储存的数据,还可以通过光速进行分析,即相关信息和新的位置关系将持续可识别。因此卫生系统将大幅优化,因为在全世界可以随时得到数百万病人的数据并且迅速用于分析个体疾病。

图片世界里最大的转变是从视觉模拟到多感官模拟。感官代替将进入到感官共生的位置,可以通过有机和无机材料支持代替。人造的感觉器官,从心脏到肝,都会提上日程。通过外科移植手术,人将会成为一部分由人造器官组成的混合人,以至于未来的人是智能机器和人类材料的组合。3D图像技术会把手术介入时间缩短至几分钟。以同样方式可以把信息直接植入大脑。

神经可塑性将取得成果。每个感觉器官都能够接管其他所有感觉器官的部分或者全部任务或功能。我们将能用舌头看和用肠子听。我们用头发听远处的交谈，用手指触摸空气中的音乐。纳米技术能实现将远古时期日常用品中储存的对话例子复苏，以便我们能听到希腊、埃及、巴比伦哲学家和政治家的交谈。石头将会和我们真正对话。粒子加速工业将伴随信息加速工业。借助光学新理论，因为光是宇宙深处唯一的信息源，我们将到达事件平面的另一侧，大爆炸的另一侧，去探索新的宇宙。

就像材料状态发生的变化，也会产生新的材料，这样也要重新定义感觉器官的任务并制造新的人造感觉器官。我希望未来在五种自然感官——看、听、触、尝、闻以外，有第六种超自然的感官——所有感觉中最重要的。也许还会有未来感觉。

不仅每种感官能够加工感觉印象、所有传感输入，每种材料也可以接收所有状态。我们能从纸中培养皮肤细胞，从服装布料里培养骨骼。从藻类中获取新的能源及电池。海面上巨大面积的藻类种植园将取代碳工业。环境中的化学排放将抑制二氧化碳排放的负面影响。百年后最大的发明将是取消三条法律：即能量守恒定律、熵权法和熵增原理。恶性细胞增殖将可逆，也就是说我们将战胜癌症。混合在黑色咖啡但没有溶解的牛奶可以再次分离出来，通过向牛奶咖啡里混入分子大小的溶液，加入的溶液量将远小于一滴。世上的所有垃圾如腐烂的蔬菜，将通过新型生物分子混入方式变为开满花的蔬菜园子。事故、不幸和灾难都不会再发生。世界变成了一部可以倒退的电影。

20世纪的关键词是：人类、机器、材料。人类使用材料和机器生产了产品。如今，人类通过媒体又制造和分配了数据。21世纪的关键词是：人类、媒体、数据。这便是Exo进化：即人类作为自然进化的产品，将通过技术发展使其能力和技能强大到足以超越自然进化的界限，并且能够控制人类和所在环境的进一步发展。进行了百万年的全球自然进化将根据历史加速法则转向技术环境，这些新的技术存在模式将改变、扩展和加强人类、动物、植物和物品的自然存在。技术上人造的环境和信息世界将为80亿人口在自然环境以及社会环境中的生存做出贡献。发生在产品生产技术方面的新的数据分配技术允许人类改变自己的身体和思想，改变成各种多功能感官形态和不同的聚合状态，也就是说人类能够不断地重塑自己的身和脑。

彼得·卫博尔（Peter Weibel），1944年生于乌克兰敖德萨，大学在法国和维也纳学习文学、医学、物流学、哲学和电影。由于多种多样的活动经历，他成为欧洲媒体艺术的核心人物。1984年起任维也纳应用艺术大学教授，1984—1989年担任纽约州立大学布法罗分校传媒研究中心视频和数字艺术专业教授，1989年他在法兰克福国立造型与艺术设计学院建立新媒体学院，至1995年担任学院院长。1986—1995年担任林茨电子艺术中心艺术总监，1993—1999年任威尼斯双年展奥地利专员，1993—1998年任格拉茨新画廊的首席策展人，1999年起担任卡尔斯鲁厄艺术和媒体技术中心负责人。

玛莲·施特蕾露维茨（Marlene Streeruwitz）

2112

百年后的"女性"

如果百年后我们的语言中不再有"女性"这个词，那会是最美好，最具政治影响力的事情。如果百年后不再有人提出关于"女性"的问题。如果百年后没有人再说："如果是女性，那会怎么样呢？"因为到那时"女性"的构成是多样的，以至于已经无法简单地用"女性"这个词来表达，从而取消了这个类别。事实上，一直以来提出的关于"女性"问题的说法是不对的。正是这种发问使"女性"成为一个种属。

"女性"——当今、百年后和一千年前

"女性"这一名词作为种属名称被使用。种属指的是具有相同特征或者特性的有生命或者无生命的群体。种属名称也可以指代种属中的个体。如果我们要探究名称如何决定含义，即如何构建出"女性"这一种属，那要回到自然科学的研究视角，追溯至林奈（Carl von Linné）分类法中将生物学意义上的性别作为划分自然的最后一个阶段，即将其分为属和种。通过分类法，林奈重构了从人属派生出的女性性别。男人还留在人属中。然而，就像雌

性植物或者动物一样,女人被描述为有别于人的种属标准。雌性因此完全脱离所属类别。她们不是从雄性中派生出来的。雄性作为种属描述的理想形式自然就代表着其种属。人的所指即为男人,而女人是另一回事。因此男人是人,女人则要在被确认有别于人的种属标准之后,首先澄清自己也属于人。这也正是无论在过去、现在还是未来都被不断讨论的"女性问题"。这个概念本身再次采纳林奈的理论,同时也证实了他的理论。无论在哪个时代,都会向关于这个派生出来的群体发问。自始至终都有针对"女性"群体的思考。"女性的"是这类生物群体最重要的共性,也是使之成为种属的标准。"女性的"第一和第二性征就是唯一的特性和标准,是普遍特性并具有普遍政治意义。林奈的生物分类法以及雌雄划分所带来的异性规范性为所有种族主义提供了论证理论。后基督教文化的非语言影响也加剧了这一趋势。从种族主义角度来看,"女性"问题首先在于名称,即在语言中如何定义该群体。这时语法类别的权力呈现得尤为明显。有时我们会看到在语言上人们用种族代替群体,这种表述明显会产生某种后果,即言语导致的后果。

"女性问题"的政治传统为它创造了一个向社会学靠近的空间,在这里人们迫切地期待着问题的答案。种族主义的准则轻松地与我们的标准准则吻合。这种准则又毫不费力地成为种族主义的现实。就像种族主义的各种问题一样,依照准则的"女性"种属产生了真实的"女性"群体。当中的个体被准则禁锢在这个群体之中。一旦个体成功克服了禁锢,导致的第一反应,即在逃离失败后陷入紧张情绪,便不得不开始漫长的甚至是伴随终生的将外界赋予的普遍特征与自我的、内在的特征相分离的过程。也许在分离过程之后会出现某种运动,起先被称作解放,之后有了自由,最后成熟。这样的一生就是从被属性名称定义的内在和外在的从女性到成为人的变化过程。其中会经历文化派生,并且表现为内在民族主义的形式。

在个体成为人的变化过程中,一定伴随着个体作为女性的劳动义务和对本能的放弃。如今我们能看到,历史一次又一次地与这个问题进行谈判。如何才能驯服、俘获和审查女性这一不安定因素,最后将其转化为生产力。所谓的驯服、俘获,这里的隐喻恰好讲述了所用的暴力。随着历史的发展,人们要改变什么,100年后又会怎样?

我希望莎士比亚的戏剧《驯悍记》不再上演。这部女性主导的"喜剧"完成于1594年,并在1623年首次刊印。我无法阻止这种"女性"的强大和迫使其在内心认同的自我"驯化"。这种强大和由此导致的最终放弃自我认知,在16世纪就是错误的,但这个错误至今仍旧存在。现在,人们仍会继续用最具代表性的方式表现女性群体中的"悍妇",并产生群体影响。女性的普遍特征就这样悄无声息地成为对女性群体的诽谤,而这正保障了男性作为人的专属权威。我们当前所在时代的高度文明以更先进、更隐蔽的方式同样服务于上述目的。如今是教会在推动这个过程。皇家剧院和歌剧院以及重大事件的活动地点表面是基督教庆典,实为统治的礼拜仪式赚取金钱。金钱是流动的,金钱能买来身体,买来的身体被规定为女性。金钱的性是男性,是高于一切的。那么确实可以说金钱能够购买神权。金钱拥有最原本的性,而林奈的分类法仅仅适用于除此以外的一切。

经济性主导我们的生活,使得种属退居到第二位。如今对一个人的首要认定标准是其"价格"。如果"女性"在40年后还无法和男性赚同样的钱,那便无法通过拥有的财富从性别中解放,那么自主决定自己在生活中的性别在百年后仍旧无法实现。

经济化过程没有创造更自由的世界。如今世上的基本种族关系不是经济化造成的,但经济化却可以利用这些关系为其创造的新的群体分配财富。银行家、经纪人、对冲基金经理、好斗者、投机者和自大者,这些都是我们不再归为性别专属的特征。在现实生活的法则中,我们发现这些特征在男性中被归为金钱堆积的要素。同时,我们极少听到女性在苏联解体后借用股份获益或者通过武器暴力攫取某个康采恩公司。政治寡头成为我们能清楚地想象到的百年后呈现的"性别"。相应地,不再存在"女性"这一性别。"女性"与其全部不安定因素都集结在所呈现的完整的人具有的职业道德中。这一切都基于我们正努力习得的后异化的异化过程。女性将从性别到政治寡头,或者成为等级金字塔顶端的"男人"。这时女性处在"遭受乱伦的女儿模式"中,即一个女人为了与给她支付薪酬和养老保障的政治寡头签下协议,成为被贴满标签的角色。这在如今已经达到了一定水准。女艺人们为了能踩上和忍受住让人望而生畏但又无法抗拒的鲁布托红底高跟鞋,不得不每周给脚部注射肉毒素;为了赚钱,为了登上 *Elle* 和

Vogue 这些时尚刊物的封面，情愿接受自己就是那"遭受乱伦的女儿"角色。也许还有很多类似的情况。人没有了价值，只有价格。这在接下来的一百年里会愈演愈烈。现代主义的悲剧传递到个体生活中。因为幸运和偶然而在生活的最初收获到喜悦的人有机会为生活开发新的内容并因此丰富意识。上帝和其他机构成为代表其信仰优势的上帝和机构。各种各样的法西斯主义被各类牧师判定为旧的上帝和机构，资本主义也如此。否定价值是为了让价格看似合理，这种现象越来越多。

和第一次工业化时期一样，如今人们仍然面临着饥饿问题，即每一个个体中真正致命的精神饥饿问题。而只有体会到文化和艺术饥饿的人会意识到这里所说的精神饥饿。其他人则会无意识地忍受着它所带来的痛苦。就性别而言，这种文化饥饿危机意味着无法进行种属问题及其后果的探讨，无法批判性地思考。对自我境遇的每一次思考都需要身体和精神上的营养。如今我们需要莱辛时代的戏剧，来在新经验中确定过去的文化疏漏，而这疏漏在过去汇成了文化准则。进一步说明，这些疏漏产生于最初赋予准则效力的各种形式的种族主义。这又意味着，我们所谓的饥饿危机已经包括我们还不够了解或不愿了解的饥饿。《阴谋与爱情》于 1784 年在法兰克福首演。我不禁推测，328 年后一定也有一部表现解放的戏剧。而如果仔细阅读它，还会发现严格的等级划分，即谁有权被解放以及谁没有这个权利。这里遵循的是俄狄浦斯的冲突逻辑，在冲突中"女性"利用了戏剧手段，在"女性"身上体现着冲突，但她们没有被赋予自我角色。"遭受乱伦的女儿"在《阴谋与爱情》中是情愿为父亲牺牲的女儿。女儿的命运与父亲相捆绑。除此以外，那时的"女性"没有其他存在意义。在未来100年里，"女性"会被赋予价值吗？不会，甚至会更少。

　　自由，自由地存在，自由地决策。所有这些可能性必须先摆脱外部施加的普遍特征。那么在历史使霸权文化回潮并任其沉醉于自由，进而掩饰权力关系时，每一个个体必须保有自我。自由的根本在于人的价值，尤其在当今性别政策下，艺术和文化产物无法享有其价值。在贬低女性主义及其代表人物的过程中，男性再次声称其霸权的"理所当然"。这种"无可争议"的男性领导权以其独有方式成为其他生活领域经济化的前锋。80年代的文化在艺术和文学中为了自身利益毫无顾忌地利用着风险的自由原则。这被归入艺术品质，一个微乎其微又似乎自由的概念。面对艺术、音乐和文学，有人决定卖什么，有人就必须供应或者消灭什么。文化驱动就是我们称之为新自由主义的模式。如果这种驱动能被视为反抗种属种族主义的自我革新，那么就会出现将作品运用于自己和那些被赋予了特征和性别的人。每个人都能钻研这种艺术技巧。投身于艺术将成为一种美德。但是之后艺术不会再作为霸权可标价的表达形式。试想，某个时代的人们开始放弃交易并且认清自我价值的非交易性……然而，这样的时代不会出现，也很难去要求。我们不愿再为其中某个价值受苦或者死去。但除了承受巨大苦痛，再无其他方式认清价值。富有的人曾尝试并一直为此努力，最终他们还是失败了。成立社团或努力成为艺术家，都没有超越资助的形式。人的价值本是无法交易的。交易的只是经过分类归属到性别中的价值。有谁能实现这一切呢？是要所有女性都成为艺术家去废除"女性"这一归属吗？眼前似乎是资本主义在突出性别，即通过拥有财富的性别去废除其他性别的方式。随后出现了现实的呈现方式，即人必须以性别特征来出售自我以保障生存。

我们在性别转变中看到，20年代的美国把男人从骑跨在北美大草原的先锋转变为上班族，而侦探小说中怀旧的勇武男性始终保持畅销。当我们在这里谈论"女性"时，她们实际已经不再存在了。在商谈身份价值的同时，有些价值早已失效。只是在其怀旧产品中重获价值。但它们却会成为下几代人成长中的决定性要素。奥地利女王伊丽莎白就是一个例子。文化产业和娱乐产品会不断地影响小女孩和小男孩的生活。当想起维也纳霍夫堡宫的"茜茜博物馆"和对那里的印象时，我不寒而栗。同时可以设想，如果一个日本男孩到过那里，留下的怀旧、暴虐抑或甜美印象，也会影响他的生活。甚至精神分析也很难解码这种印象的内容，我也是这样认为的。我们回过头去看个体的以及性别的历史发展过程，会发现霸权的过分决策使得我们非语言的渴望被操纵着，明知如此但却不知不觉陷入其中。这种负担在百年后会变得更加沉重，令人呼吸困难。

也许还有一丝渺茫的希望，也许全球化将成为一种救赎，众多文化将为众多性别铺平道路，不再有"女性"这一性别。人已经学会了某种新的生活方法，并且确保了自己作为人的价值。各种文化和艺术作品都在庆祝价值。有一种语言可以不媚俗地描绘人获得拯救和幸福，因此人能够时刻感知到生活的辛酸。这意味着现代主义的狭隘性展开为空间，而不再仅是排斥。同时，这需要个体和集体付出巨大努力钻研历史，也要花时间关注和思考个体。是否也会在工作条件和薪酬上开启新的机会呢？我们最终回归"女性问题"中的条件问题。美好的世界和生活需要所有人的共同创造。这需要努力解除"女性"这一概念。就像所有由种族主义初衷划分的群体一样。要做到这一点，必须暂停所有因性别归属而被赋予的权力。这意味着在当今上演性别层面的"法国大革命"，并回到直至1893年才实现的平等。这个过程也是不可逆转的，是很长时间都会超越于现实之外的。因为现实再次宣称"女性问题"只是次要问题。但是，对女性仇恨历史的认识是否会减少一百年后的女性所肩负的压力和愤怒呢？这一百年又意味着什么负担？也许多数人转变为准女性，用身体和灵魂在职业中纠缠，进而对"女性"概念有更多认识。也许那时将发生来自这种认知状态的革命。

顺便说一下，我在科幻小说《诺玛·德斯蒙德》（*Norma Desmond*）中也谈到对女性问题的思考："他总是说他一定早认识像她这样的人，如果一早就有像她这样的人的话。他曾说过，世界原本会不同，历史也将不同。天堂变得可以想象。2134年的公民投票应该早一点。在此之前，女性本该付出努力。唐纳德认为男性本该努力。但自从这次公投以来，所有女性阴道内都有了第二个阴蒂。从那以后，一切都变得容易了。她无法想象。唐纳德抱怨男人之前应该如何努力。但她想象不出应该怎样努力。她还从未在任何一件事上认识做出过努力的男人。唐纳德一直认为时代会发展为只有男人存在。她认为本该只允许女性对此事投票。但唐纳德300多岁了，并且没有性别优势。"（出自 *Norma Desmond. A Gothic SF-Novel*，Fischer 出版社，法兰克福，2007年）

玛莲·施特蕾露维茨（Marlene Streeruwitz），生于维也纳附近的巴登。大学学习斯拉夫语言文学与艺术史。在维也纳、纽约和柏林生活。近期出版长篇小说 *Die Schmerzmacherin*。

赫尔弗里德·明克勒（Herfried Münkler）

2112

百年后的战争

一种可以远远追溯到20世纪的趋势在21世纪又得以延续：军队的意义对于政治关系的构建和政治意愿的合理性远不如前。产生这种现象的主要原因在于，把军队当作政治工具不再合适了。长久以来，军事的能力很大一部分在于阻碍对手贯彻其政治意愿，而不是使自己的政治意愿产生效果。在这种情况下，不难想象，用于军备的必要财政支出会尽可能降低，经过验证的协定可以避免各种军备竞赛，这些竞赛导致了直到20世纪下半叶反反复复的动乱，把整个世界带到大战的边缘。毕竟，22世纪初军队仍然存在，原子弹也并没有像有些人期待的那样从大国的军械库中消失。虽然人们做了一系列的尝试，给出了无数次的承诺，核武器库的库存仍会大幅度降低。渐渐地，它们被赋予了象征性意义而不再是战略性意义。尽管人们坚信人类会完全放弃核这个选择，以前（到现在）政治家们仍不能彼此信任。由此可见，核武器及其搭载系统会一如既往地存在，时不时也会有一些针对核武器的有限的现代化项目使其可以维持在可投入使用的状态，在政治上它们却不会再有什么用。它们只是某种情况下的保障，而这种情况根本不会有人认真考虑。

在以前的几个世纪一直被高度评价的军事强国的意义,在 21 世纪会持续丧失其重要性,在他们看来,经济实力和文化影响力会越来越重要。将这一点推移到大国的公务中去,就会对权力设想的改变造成影响:领土国家仍然对政治事务起着决定性作用,但是"权力"已被理解成了执行自我意志、反对竞争方或对立面意志的能力。在这种情况之下,军事力量,尽管有些出于道义反对使用它,仍然不断被证实是有效的,能使个人意志以及和个人意志紧密相关的政治价值观发挥作用的方法。但是自从越来越多的非领土政治参与者出现,人道组织和救助机构开始巧妙地利用媒体,权力的概念就不断从个人意志的执行向与尽可能多的活动家的合作能力过渡,这样的后果就是军事能力渐渐失去价值。政治家在公开场合展示高级武装力量的次数会越来越少。军队这一在 20 世纪仍然常被用作政治象征的工具,逐渐消失在公众的视野中。这并不是说,它从政治的"工具箱"里消失,而是它不再像以前那样频繁被拿出来展示。由于北部富裕国家的国民不再想和军事力量有任何牵扯,很少有人愿意再谈论小规模的战争以及随之而来的不断的武力干涉。

军队和军事能力从公众的注意力中消失的一个关键步骤,是 21 世纪初普遍兵役制取消。从那以后,军人这一职业和其他工作没什么两样:人们完成指定任务并以此过活,但是我们发现,除了一些为了特定政治构想基础而不得不露面的员工之外,不再需要储备更多人力。计算精神自古以来就是典型性过剩的对立面,彼时它也会控制军队并使军队服从其预算。在许多政治家的眼中,民主和兵役密不可分，那些反对抵抗兵役的政治家的人，最后都沦为强制青年男性服兵役制度的牺牲品。这并不损害民主，军队从现在开始也和其他企业一样，在招募人力时必须着眼于整个劳务市场。这样军队就失去了获取青年男性工作能力的特权，这也是军事失去重要性的一个象征。随之而来的当然还有一系列有问题的发展，首先就是军事劳动力市场的国际化，但是这个问题我们以后再谈。

对于军事重要性的丧失来说，比普遍兵役的结束更重要的当然是人口出生率的降低以及逐渐普及的认识，即军事科技的明显优势只适合在特定范围内把投入军备时的损失限制在最低。至少在人口数量下降，依赖从经济落后的边缘国家移民的繁荣中心，战争失去了它原有的作为调节人口过剩机制这一功能。在富裕地区的边缘就不同了，在这里，出生人口数量和以前一样多，年轻人口数量远比能使其过上满意生活的机会多。向北方富裕地区的移民发挥着调节人口平衡机制的功能，那里还可以保持和平，尽管移民社会因为最能干和最有活力的人的一去不返而深受折磨。而在移民流动渠道被堵住或被阻碍的地区，以前（和现在）总有社会内部的战争，白白浪费了数以万计的生命。所以北方大规模的和平总与南方频繁闪现的交战相互关联。

有时北方的强权国家会干预这些战争，通过派兵、食品补给援助和双方改善关系的美好前景，或许也通过克服腐败来抚平和平的裂痕。但是有时候他们也会干脆对战争置之不理，只负责不使战争扩大到其他地区。此外，有明显证据表明，在关乎其经济利益或当其安全受到威胁时，北方会干预战争，并努力使社会内部战争尽快结束；而当与其无关时，北方的干预仅限于帮助本国公民撤离。通常，他们会通过空降军队而达到该目的，但是一旦撤离完成，他们就会撤军。在20世纪末期曾短暂流行过的设想，即利用军事干预的办法维持世界范围内的和平和一定范围内的安全，被证实为是一种幻想。赌上整个社会的和平的军事干预代价过于昂贵、费时、损耗大，所以人们不会再把军事干预作为处理冲突的普遍工具。

出于人道主义的军事干预也会减少，因为干预力量的过度武装并不能保证自身没有损失。相反，干预力量的对手总会不断找到新的机会暗杀干预力量的士兵或者引诱他们进入伏击点，这已经证明了，即便想让派遣国为了和平的干预的执行意志消失，也要受点损失。人道主义干预的脆弱性，又导致武装反抗的敌人在干预势力的力量与能力远强自己的情况下，也不会从一开始就认为自己的反抗是徒劳的，他们反而会指望用有限的能力达到目的。干预势力的军队领导要想洞察这样不对称的局面需要很长一段时间，但是最后，即便动用巨大的财政投入，面临高度的政治风险，收效甚微的事实就再也藏不住了。这是军事力量丧失重要性的又一个原因。

此外，如果不是军工复合体（当时人们这样称呼军队和工业的合作），这样的洞察力本应该迅速地实现。宣扬军工的代表总是许诺，通过改善军备把由反抗者造成的自身军队的易受攻击、易受损性降到最低。而事实上，要想降低本方士兵的损失，只能通过强化车辆的装甲和能探测爆炸物的电子设备，转向空中侦察而实现。这样做的后果就是，不但用来干预的成本会提高，而且干预部队和当地民众的联系越来越少，以至于随着时间的推移，朋友和援助者变成了占领军。为提高军队效率而在干预中的投资导致干预地区民众政治接受度的降低。非对称战争以前和现在都很难打，因为在这种战争中，军队的战绩和政治的成功是相互脱离的。

相反，军工复合体的影响会在上述二者的联合中得到扩大。它基于某种承诺，更高的军备投入可以转化为更大的政治影响力。这种预期的说服力基于一种普通的观念上，即在财政上大力投入会提高军队的打击力量。对这方面失去信心的地区，军工复合体的影响就会降低，鉴于干预过程中的损耗，当发展不能如期顺利开展时，原因就在于先进社会的科技想象力长期抵制这样一种认识：即不可能用先进武器打败技术落后的反抗者。当20世纪初期一些作家尝试预测军备的发展和21世纪早期战争如何进行时，他们固执地坚持科技会进步，并期待新武器系统的研发会给战争带来一次根本性的革命。同时很多人推断空间会成为战争的主要场地，齐柏林（Zeppelin）伯爵发明的飞艇被寄予厚望。那时，齐柏林飞艇，正如人们所期待的那样，有能力把向备战区域行进中的整团整师发动空中攻击，并把他们消灭，而不给被攻击方还手的余地，它也有能力从空中攻击并击沉当时已经投入使用的强大战舰。对海洋的统治会被对空中的统治取代，谁统治了天空，谁就统治了世界。

对于20世纪及其以后的军事场景中，对有效反击机会的低估是家常便饭，无论是在科技还是在战略方面。虽然随着空城和之后的空间的军事化，地面部队和联合舰队的重要性在降低，虽然这一点无可争议，但是它们绝不会完全消失。从歼击机到防空导弹，都可以与某些强大的对手抗衡，就算是对毫无可能发展自身防空系统的地面战士来说，也能够在相应区域成功避开战斗轰炸机或武装直升机对他们的毁灭性打击。军事科技进步的竞赛和暂时性交替领先是20世纪的普遍现象，然而在21世纪，却总会出现相反的策略，通过一些既不能在经济上也不能在科技上对军备竞赛产生作用的玩家，这些策略成了强权势力需要严肃对待的挑战者。有时，军事能力非对称发展成为富裕的北方国家的一大威胁，这些富裕的国家为了解除几美元就能买来的武器的威胁，不惜投入数十亿美金或欧元。只有通过对军工复合体的抑制，北方在与南方玩家的非对称斗争中才能消除"财政自杀"的风险。

21世纪最大的挑战就是，战争活动家和国际组织性犯罪的扩散，它们使整个国家陷入不稳定或分裂状态中。以前（现在一如既往）在富裕和贫穷的边境地区常有这样的状况，在这些地区，违法物品和被定义为合法却为了使国家安全机关不被侵犯而被保护的物品的交易，衍生出了繁荣的行业。为了更加繁荣，毒贩和一些拐卖妇女到富裕国家卖淫的犯罪集团有了私人军队，一部分是针对竞争对手，一部分是和国家及国家秩序的要求作对。与此同时，金钱也在大规模流动，金钱的流动使警察、监狱雇员和法官成了罪犯的帮凶，反对他们的人就要被杀掉。长期以来，政界和国际法倡导者一致反对把这种事态发展称为战争，人们更愿意把它称为类似内战的情况,就像中美洲和东南亚国家发生的情况那样。但是当这些国家每年有超过 5 万人死于战争时,从语义学角度对战争概念的划分就荡然无存了。最后,我们会认识到,什么是战争,取决于社会政治秩序,而不可以随心所欲地定义。此外,随着富裕地区外围国家的瓦解,单凭是否能建立一个这样的秩序,即秩序的准则与准则的定义能成为社会政治现实是否能继续发展的有约束力的标准,并且人们可以寄希望于该秩序,以此来区分一个国家是不是领土国家,这种方法已经过时了。人们把被定义为富裕的阶层称为和平力量,他们会在全球范围内有话语权。这样的话和平也就只能存在于北方的富裕国家了。

因此,20 世纪后半叶人类一直生活在一场毁灭性大战的阴影之下,这样的威胁也会不复存在了。有时人们会担心,在相当长一段时间的和平局面之后,大战会因逐渐短缺的资源而再次打响,但是石油和天然气的生产者与消费者都心知肚明,因它们而起的战争只会让资源更少,价格被无限抬高,所以他们都一致赞同非暴力分配的机制。在这种机制下,开采国不会不惜一切代价地提价而导致需求方大幅降低其消耗。这种能够尽量避免因气和油而引发的大战的条约当然也有缺陷,因为事实上,贫穷地区因根本无法接触到这些化石能源而被排除在外。后果就是,贫富国家的差距越来越大。北方富裕的强权不愿看到其边境地区发生地方性小规模战争,就因为这样他们之间的大战也不会打响。

事实上,争夺稀缺资源的战争已经爆发,以后这场战争也会持续下去,只是它不像传统领土国家地区内的战争那样。它更像是接连不断的小规模冲突和突袭，参与者只是为了夺取有价值的物品然后以此维持生计。这些小规模冲突和突袭总是和水资源有关，特别是在南方，水是一种稀缺资源。人们找不到一种能像分配石油和天然气那样非暴力分配稀缺水资源储备的模式，所以21世纪，围绕水的战争一直存在。从袭击堤坝和蓄水库，到能够迅速升级为屠杀竞争对手牧群的日常的牲畜饮水点争端，都是战争，结果就是一系列受害者对加害者的报复行动等。无论如何，在世界的南方，人们总会用军事暴力手段解决经济上的竞争者，对稀缺资源的竞争演变为生与死的较量。像前一段时间大家习以为常的那样，和平地干预这样的冲突早就没有意义了。尽管这些战争会因干预而中断，但是一旦撤出干预战火会立刻重燃。虽然人们不愿公开讲，但事实就是，战争成了一个区域平衡人口密度和可用资源的调节系统。一些人也称之为马尔萨斯主义战争。战争在某些地区重拾过去几个世纪的功能，而在富裕的北方它却失去了以前的意义。

可是这样的分歧在政治上是危险的，在道德上也让人难以接受。生活在和平中的人们，心中感到愧疚，有了愧疚他们就会不顾以前的经验，重新干预南方的战争，尤其是当很多人都认为暴力有可能走向终点的时候。但是总的来说，回顾这些干预，结果并不令人振奋，所以我们也就不得不关注近几个世纪以来的人道主义干预决心和令人失望的听天由命的循环。10年来，人们不断为了繁荣地区之外的国家的政治、经济稳定而做出努力，一旦看到一点成果，就会有一波干预来临，在干预中，军队和援助组织紧密合作。接下来的 10 年，越来越多的失望和倒退使和平政治进入非活跃期，直到人们带着一脸讽刺的表情，承认不得不让战争爆发，然后又厌倦战争，开始重新启用人道主义干预政策。

然而，我们必须承认的是，这不仅是北方干预主义和孤立主义的交替带来的同情和放弃的此消彼长，也是北方为了限制定期增加的难民流而采取的措施，当没有致力于稳定局面的势力，大家都局限在原材料开采区的军事保障时（因为北方的经济还指望着这些开采区源源不断地流入），难民流就会增加。同样，在南方原材料充足的地区经常会有一系列规模相对较大的冲突，就像北方的基础设施建设和交通一样，我们知道它们的频繁程度，但却对它们的强度一无所知。自从我们能够确定，关于它们的报道会使股价下跌，使人们陷入恐慌，我们就决定，只在特殊情况下报道这些冲突事件。尽管在网络上经常可以看到相关的不同说法，但是这些都被官方确认为不实消息或者煽动言论。但是，众所周知，打击参与冲突的士兵的全面军事行动已经在富裕地区边缘开展，参与打击的士兵主要招募自南方。

富裕地区的武装力量也会从贫穷的南方招募一大部分士兵，尤其是在军事干预中遭受最严重损失的地面部队。21 世纪初兴起了这样的需求，私人军事公司会使军队劳动力市场国际化，以便为国家需求提供更廉价的军事服务。一段时间后，国家采取了这种模式，从南部的贫困移民中挑出最有能力的一群人，如果他们愿意服多年兵役，就会给他们国籍。所以在军事干预中，北方投入的部队中的士兵，主要招募自派遣国经济不发达地区的底层，富裕地区边缘的难民营中的贫穷移民，以及私人公司根据需求招募的，投入到干预势力同盟的支援部队。只有高级军官的队伍，空中及海上武装力量才会从社会中层招募人才。起初也有人反对这种发展趋势，人们称之为"军队的野蛮化"，并用罗马帝国的没落与之比较。也有人认为，用这种方式招募军队就把自己暴露给了敌人。因为北方的后英雄主义社会自身没有足够的志愿者，所以这场辩论或者说反对也就毫无结果。最终，来自南方的士兵没什么特殊要求，又愿意效力，也能比其他人更加适应被干预地区的气候。这些都显而易见。

仍然有许多评论家和观察家相信，战争将不复存在，也有人认为，在不安定地区为了重建稳定局面而进行的偶尔的干预不再是传统意义上的军事行动；它更多的是关乎某种形式的公共安全，以前常被人称为战争的事物，事实上只是以"大宗商品"，即和平与安全为导向的世界内政的一种形式。世界范围内的关于战争是会消失还是会继续存在的讨论不断涌现，但主要限于对政治感兴趣的学者圈。与之相反的是，更广泛的社会群体规律性重复的讨论，是关于北方还愿意为南方的和平投入多少钱，这样做到底还有没有意义？还是应该完全放弃这样的打算？与此同时，出现了引人注目的政治联盟，大约在所谓的反帝国主义左派与平民主义右派政党共同在原则上反对干预时，以及人权组织同工业协会、银行财团联合起来，提防边缘地区暴力经济不断严重的风险时。前面提到的干预主义与孤立主义的循环，首先就是两股势力在北方做决策时交替产生影响的结果。

赫尔弗里德·明克勒（Herfried Münkler），洪堡大学政治学教授，《新的战争》一书作者。

寇奈莉娅·萨博-科诺迪克（Cornelia Szabó-Knotik）

2112

百年后的音乐

作为从早到晚环绕我们的乐音和噪音的一部分，音乐对我们来说再自然不过了。这是我们能够得到未来"音乐"图景的至少两个当前有效的条件之一。

另一个与之相关的是我们身处的技术情况，因为这对我们今天如何理解及处理音乐至关重要，并且形成了现在与约100年前的过去之间的本质区别。

未来发展的另一个因素是政治经济因素：全球化资本主义下的全面商业化塑造了音乐及与之相关的实践经验，当然还有那些以所谓的第三次数字化工业革命为标志的已提及的变化。

由当前推导出的未来情景固然包含了不出现变革动乱的可能性，正如我们在那些表现未来恐惧的文本或电影中看到的，灾难以净化灵魂的方式最终汇成一个新的开端，它承诺我们在那看似天堂般的原始状态中将诞生一个更美好的世界。取而代之，未来情景的设想将基于历史变革的发展，在历史图景的不断变革中，我们的文化记忆将仍然有效。

录音使音乐能够大规模生产，且拓宽了音乐制作的领域。其明显标志是20世纪初以来，组件和功能都没有太大变化的扬声器，成为我们音乐消费的决定因素。它不仅可以再现声音,还能捕获声音,并在大多数演出中得以应用,即使在没有效果加强器("不插电")的情况下也能得心应手。如今,绝大多数音乐都经过电声处理。由此诞生的"一切时代、民族和文化"的经典曲目无处不在且经久不衰,在精挑细选和不断斟酌之后,这将决定人们会投入多少精力和时间去仔细聆听,这在100年以后也不会有太大改变。

各种各样的音乐与我们日常的声响和信号竞争,这种所谓的注意力经济的争夺也在增强,不仅在城市的居住区,而是在任何存在虚拟沟通的地方,因为这些仍然需要以声音的形式来进行。很显然,我们更善于视而不见,而非充耳不闻。

鉴于呈指数级迅猛发展的科技进步,对于下个世纪音乐消费的变化程度,再怎样激进的思考都不以为过。2010年,珍妮弗·伊根(Jennifer Egan)在其荣获普利策奖的长篇小说《恶棍来访》接近结尾的部分描写了一场流行音乐会。音乐会上,一种符合小孩子品味的且由孩子们通过"实时投票"来影响的音乐,甚至把家长都带入了一种近乎"出神舞曲"的兴奋中,这其中虽然隐含着一种文化悲观主义的、对当今行业状态的夸张批评,但对于音乐和音乐生活的乌托邦式的构想并没有提及。因为作为音乐制品成功或失败的评审者,音乐的消费者对当前保留曲目的重点或有待重新开发负有责任,他们将在百年后臣服于一系列新的体验,这些体验将影响人们的听觉行为——就像我们同我们的曾曾祖辈那一代相比一样。

采用了先进的电子存储技术以后,这些体验的变化使机器积极活跃地参与到音乐活动当中。这听起来有点像尘封的科幻小说，但现实确实如此。想想 2005 年爱知县世博会上的丰田伙伴机器人吧，这是第一款人形机器人，开发用于照顾老人或作为儿童的替代品，但广告却是以音乐演奏者的形象去宣传的（众所周知的"坏人没有歌曲"这句话可能已经用到了"受到威胁的"机器人身上了），或者再想想尼古拉斯·阿纳托·巴金斯基（Nikolas Anatol Baginsky）的"三头"机器人乐队"三警笛"（The Three Sirens），它非人形构造，也不像吹小号的丰田人只演奏传统曲目，而是通过人工神经网络控制，它的音乐素材都是在其自我组织的学习程序中被开发加工出来的。因此，这种音乐被评价为不依赖人类版权的独立自主的成就，并且该乐队的程序员在版税征收协会上将乐队注册为"创意艺术家"。

还有一点对于未来至关重要："音乐"如今已并不总意味着一部（完成的）作品，而是由越来越即兴的创作而来的声音组合，与当今音乐人流行的做法相关的则是通过网络交换音乐数据并进行改编。作曲家、演奏家和听众也不再是彼此隔离的角色，而可能融为一体。想想公共空间中的音乐装置，创作者是软件开发人员吗？是演奏者通过互动实现了音乐吗？谁又是观众呢？

这样看来，未来将更加注重特殊的声音组合，注重通过交换音色素材来使音乐不断拓展的社区和网络。听预先制作好的音乐可能会失去意义，这也有可能变成一种特殊情况，即变成一种廉价的不被看得起的时代快餐，在这样的时代中，声音的创造和变更是多代人对待音乐的优选方式，相对于消极的消费，人们更热衷社会共享。音乐的专业鉴定，比如对于创作、表演、音乐评价的专业见解，其条件和理解将不断变化，因为当今视角的基础——关键词：原创天才及演奏天才的顶礼膜拜——将随着不断变化的社会条件而失去效力。

　　此外，也有一些未曾预知的，或者说无法预知的可能性，比如有学习能力的机器在星际通讯中获得了一些不言而喻的联系，对此甚至不需要准备"ET金曲榜"来应对那些可联系的地外生命形式以及他们的声音。因为更加现实的是，我们面对的其实就是那些在地外空间生活和工作过的人，这种特殊的经历将要求用不同的音乐表现方式和不同的编曲方式来实现，这也会带来不同的音乐消费习惯。如果是这样，就可以这么说，由阿诺德·勋伯格（Arnold Schönberg）编曲的，斯蒂芬·格奥尔格（Stefan George）的那句著名诗句，"来自其他星球的空气"，将会在音乐上更有影响力。

　　与这种基于不断进步的技术条件、对听音乐和音乐创作的想象截然不同的是，你也可以设想"音乐"会成为过时的、不再通用的术语，其含义只能在语言古代研究中找到。当然，同样也可以想象，对于音乐是什么及音乐在生活中的作用的传统理解，将更有可能继续在时下对音乐的对待方式上起决定作用，正如以往形成这些方式一样。20世纪的音乐史经验就说明了这些问题，在其开端有超过200年的当时通用的、看似自然形成的音响系统被继承下来，在其后半叶这样的想法也成为现实，渴望达到最高水平的作曲家在他们的作品中必须确保音乐基础素材组织的不断进步，而不会同时出现对未来恐惧的"艺术终结"。取而代之的是同样有效的众多新的音乐可能性的出现，特别是在"推陈出新"这个意义上。这通常包括对传统的加工，对区域、社会和时间疏离的处理，这样不会产生传统意义上的片段或作品，而会包括所有可想到的渐变中的即兴创作、活动和事件的元素。

适合各年龄段、各文化背景、各世界观和各种心境的流行音乐文化，其受营销所激发出来的表面化的多样性，如今正逐渐演变成个性化选择的音乐背景世界中的分门别类，我们听到的曲目也会受此影响。此趋势继续为社交网络做着贡献，无论是在真实世界还是虚拟空间。我们可以想象有声音组合高度专业化的档案，根据纯粹的声音以及经电子改变或制作出来的声音元素制作出来，其制作和使用更少关注于如为新闻和广告配乐这样的商业利益，而更多是与一种新的文化相关，其面对的是将取代我们如今所说的作曲的事情。这种状态不会持续太久，只要人们认真倾听的程度够活跃，并像以往一样一直引发变化。另一方面，很有可能会出现一种对沉浸于那种无法分清开头和结尾的、持续播放的音乐片段的狂热崇拜。这种需求有秘教的渊源，上百年来，他们的音乐特色都如此强烈——秘教因其疏远的生活条件和不确定的、受威胁的未来前景，赢得了现实意义。

论及无处不在的有声音乐的对立面，人们可能需要一种无声的音乐，你可以找到那种与有声音乐环境类似的空间，就像19世纪的工业国家，人们为了呼吸来到疗养胜地一样。这样的空间可以是人为创造的，比如长途飞行中并不完全"安静"的声音环境，或者可以利用自然条件——海底？宇宙？月球殖民地？……也许这会提高我们不主动倾听的能力，或者我们也可以插入芯片作为音量控制器。

无论如何，音乐不仅是人们日常所从事或消费的活动，而且也具有身份定位、社会的自我认知的更本质的功用。关于音乐作为艺术及其延伸的艺术形象之辩论与现存音乐的处理方式及与之接近或疏远的问题有关，现在的音乐借助媒介存储及电子复制得以迅猛增长，曲目的数量和类别都随之持续不断地丰富起来。另一点是在片段化的音乐制品和分钟长度在两位数的不间断的音乐背景中选择需求的趋势，这样的文化实践是所谓的西方艺术音乐的前提条件。到底该如何面对传统及过去的作品：音乐史还有什么用？或者说：2112年音乐表演的历史意义意味着什么？这些问题可能会被继续追问和讨论下去。

但有一件事似乎是肯定的：受过良好教育的观众及其音乐活动，在如今已呈现出的倒退将不复存在。但这并不意味着传统艺术音乐必须过时或被遗忘，这也不等于我们所认为的音乐（历史）的终结，因为存在多种多样的音乐文化，人们据为己有的传统可能会成为其他音乐制作的出发点。社会关系当中音乐背景的需求——说得不这么隐晦，也就是对于私人或公共的节庆音乐的需求——将不会停止。如果对音乐文化的认知演变成一种专业化的内在东西，那么，全世界甚至是跨星际间的个人借助（虚拟的）集体来创建其身份，无论是以新的还是传统的，稳定的还是易逝的，我们如今能够信任的还是根本无法想象的音乐形式的出现，音乐都将继续起到重要作用。"他们演奏我们的歌曲"将继续适用,即便熟悉和陌生的关系变得与我们所认识的相比有些许不同,甚至和今天相比截然相反。我们可以想想传统的声学乐器,正如我们在古典主义和浪漫主义风格的管弦乐队中听到的那样:其音色可以通过电子方式被完美地复制下来,但这样却失去了实在的形体,而这也同样属于演出的一部分。与之相反,几十年前人们由于缺乏可演奏的合适设备,所以电声音乐很难表演,这几乎让人联想到中世纪甚至古代音乐的演出条件问题。他们需要更多地创建而非翻新。

这"灭绝星球的光芒",如果过去的音乐能一直持续下去,那么它在百年后将会继续发光。

寇奈莉娅·萨博-科诺迪克(Cornelia Szabó-Knotik),维也纳音乐与表演艺术大学音乐分析、理论及历史研究院的音乐学家,重点研究音乐作为文化产物,其对日常生活的影响作用和对自我理解至关重要的关系及意义归属问题。

格奥尔格·冯·瓦尔韦茨（Georg von Wallwitz）

2112

百年后的经济

欧洲及其现状

今天欧洲的经济规模是 100 年以前的两倍半。欧洲的人口不再增长，经济增长每年只有 1%。但这样的发展足以显著提高人民的生活水平了。

如果债务问题没有一直拖累整个 21 世纪上半叶，欧洲本来可以变得更强大，生活水平也能够赶上印度尼西亚。自 20 世纪 70 年代以来，这些老牌工业国家的债务急剧增长，这多亏了金融家们的想象力，他们不断地将旧有的银行产品、信用贷款，打包成新金融产品，并投放到民众当中。他们找到了将信贷变成有价证券的路径，并在银行体系内外出售，还假装他们交易的不是信贷，而是别的什么东西。由此产生的债务负担像磨石一样拖累经济发展。2010 年，所有债务总额约为 200 万亿美元，相当于当时约 60 万亿美元世界经济产出的 3.3 倍。许多钱必须用来偿还债务，而不再用于研究、发展、生产或消费。同时，越来越多的西方债权人来自富裕的亚洲国家，致使欧洲经济的一大部分收益都无法留在当地，而是外流，不能用于再投资。

对于一个饱和负债的大陆，1%真实的增长可能一点也不差。因为你可以想象，当人们的生活水平达到一定程度的时候，可能就会变得像19世纪南太平洋的人一样，会躺在树下享受他们的财富，会把精力投入到园艺、家庭和精神生活中。这样的生活没有什么值得太要注意的。人们几乎不需要再工作，但他们却仍在工作。工作是国家保持激励机制的社会结构的重要部分。发放相对较高的最低收入（公民资金）的实验其实并没有太大意义，不是因为社会负担不起，而是因为这样不符合传统的方式，反而会使社会支离破碎。

驱动人们的其实不是他们的绝对财富，而是别人已经拥有的。一个人自己过得好还不够，他必须要比邻居过得更好。21世纪初期人们还怀揣着这样憧憬轻松未来的梦想。但人类没有学会满足。所以大概就是竞争使商业复兴起来，而非困境。

中欧联盟是在意大利解体后出现的。21世纪围绕着曾经是哈布斯堡帝国的领土，形成了一个从佛罗伦萨到基尔，从日内瓦到布达佩斯，从阿姆斯特丹到华沙的联邦国家。围绕着中欧联盟的有斯堪的纳维亚半岛、俄罗斯，以及西部和南部的拉丁欧洲联盟。英格兰和爱尔兰变成了美国的第51和第52个州。希腊已与土耳其合并。飘浮在欧洲结构之上的是无权力无核心的躯壳，人们已经忘记了瓦解的是曾经那么自豪的欧盟。

中欧联盟今天既不是最富有的也不是世界经济实力最强的地区——这个殊荣要颁给上海大省——但中欧联盟还是如往常一样令人惊喜。它也许可以与13和14世纪的拜占庭相媲美。拜占庭当时失去了大部分领土，但是一个文化、外交和（想象的多于现实的）

金融上都强劲的实体仍然能够让整个地中海都感受到它的力量。

中欧联盟有共同的预算，有用于自我融资的税收主权和一支共同的军队。独立主权由成员国移交给全体民众，由在首都维也纳的政府进行代表。中欧成功地保持着创新，并且拥有几家世界上最好的研究中心。中欧在材料研究、生物技术生产和环境技术方面都处于世界领先地位。

罗马是拉丁欧洲的首都。对于设立首都而言，法国的位置相较于拉丁欧洲其他地区太靠北了。然而，拉丁欧洲在政治和经济上都受法国的统领。法语是交际语言。拉丁欧洲有以法国为典范的强大政治中心，但经济结构非常松散。对于他们来说，21世纪的技术发展所带来的大型生产单位的终结和制造的本地化和灵活化是一个天大的福祉。在拉丁欧洲联盟成立时，曾被多次预言的贫穷并没有出现。这里虽不富有，但却安康，且拥有足以令全世界羡慕嫉妒的生活质量。

美国并未更好

北美人在21世纪的表现并不比欧洲人更好。美国的人均收入在全球仍处于顶层，但很久以来都无法企及像印度尼西亚这类国家的水平了。美国在本世纪受到工业集团及金融巨头越来越强的控制，这导致其经济活力的僵化和明显减弱。美国的政治阶层长期以来一直坚信，如果人们放任市场自由，市场将顾及创新。但实际上，市场已经被好几个对竞争和自由市场毫不感兴趣的有组织的团体捷足先登。自由市场迟早会被少数参与者统治,他们用这样的方式积累了巨大的财富。由此产生的不平等不会局限于经济和钱上。反对经济不平等其实没有什么可说的了。问题只在于,当这种不平等被用来在政治上购买权力和影响,使其在由此带来的特权的帮助下变得更加富有。这样的特权阶级"新的贵族"的出现,其实是美国经济发展的障碍。

对于世纪之交的各种关系而言,自由市场制度不能没有强有力的管控,这不仅仅在美国得以体现。最简单的例子就是医疗保健制度,它随着人口的老龄化变得越来越昂贵,并且在许多国家由于其自身的低效率而崩溃。在终端客户(病人)无法判断服务质量的领域,基于市场的定价体系将不再高效。类似的还有对公共物品的估价,如干净的空气和清洁的水,这也再次证明了纯粹由市场驱动的定价体系是没有效率的。

后者可能与市场完全低估了后代的权利和需求有关。在经济快速增长的时期,这不是一个问题,因为每个后续的一代都在变得更好。但自从人们普遍开始变得欲望饱和、债台高筑并拖累了经济增长以来,事情就变得不同了。如果现在出现更多的债务,实际上就等于将下一代的资产转移到了当前一代,这不仅不公平(因为后代无法抗拒),而且债务的扩大也会导致更大程度的低效率。

国家垄断资本主义

22世纪初期的经济体制可与纯粹的资本主义理论相去甚远。

它看上去就如约瑟夫·熊彼特在20世纪上半叶宣称的那样，虽然当时没有人把他的话当回事：纯粹以市场为基础的资本主义将不会维系下去。在世界大部分地区已经形成了一种国家资本主义。在欧洲和北美，当前体制的弱点使其不能再遮掩更多的债务了。而在亚洲，那里其实就有国家操控经济的文化，或者也因为由国家支持的国有大型集团的出现使其在面对西方垄断集团的时候能够确保自己的竞争能力。大部分经济领域目前都由大型垄断者所控制，他们直接（通过参股）或间接（通过监管）来使自己与国家走得更近。这不仅适用于基础设施和公用事业，而且也适用于银行、制药和汽车行业。大公司的优势是，他们购买原材料更便宜并且有实力在市场上推出他们的产品。垄断结构对于国家来说也有好处，就是当市场失效的时候，市场操控起来能更加容易。

国家垄断资本主义自然以它自己的方式引导着腐败和特权经济，这其中与不受管制的市场类似。22世纪初期我们的经济结构肯定不是最终定论。经济如钟摆一样在国家、管控、平等的一边和自由、企业家精神和不平等的另一边来回摆动，唯一不变的就是变化。这种变化不是线性的，而是如蛇形曲线般迂回前进。

个体生产

2112年的工作看起来并不需要你真的去回避它。工作变得更清洁，更讲究，更有成效。几乎所有粗笨、沉重和单调的工业工作都消失了。钢和铝也几乎不再被用作工业原料了，取而代之的是更轻又坚韧的碳。工厂里看不到工人，几乎全是机器人。流水线工人属于过去，如今机电一体化和程序员照顾着生产的顺利运行。

在21世纪的进程中，商品的生产变得更加本地化。新产品的开发仍然围绕那些大型研究中心（其大多数源于我们以前称之为"大学"的）的经典区位进行，那里有设计师、材料研究员和生产制造专家组成的紧密网络。拉丁美洲和加利福尼亚搞设计，大学从事材料研究，低工资国家进行生产，这种21世纪早期的趋势并没有维持下去，它因人们更加青睐集群结构而被逐渐抛弃。

工资变得越来越不重要，这使得生产回归于知识领域变得理所当然。在20世纪和21世纪还至关重要的成本因素在22世纪只起着次要作用。全球价值链已经反复证明了其面对自然灾害和政治动荡的脆弱性在2112年被认为是多余的。

如今，生产规模小，但效率不减。自福特使流水线生产变得完美无缺以来，随着工业革命而来并形成标准的终端产品标准化大批量生产，今天几乎不存在了。今天，如果顾客需要什么或者想要什么，人们通常会走进虚拟购物街，他们将在12小时内得到其定制的商品。

为了使劳动力成本保持低水平，过去必须标准化生产的产品现在可以通过3D打印单独生产。这是过去100年来材料科学的最大福音。以前材料块（例如金属板）被切成生产所需的形状（例如汽车），这样的切割流程是高度标准化的。但3D打印不切割任何东西，而是将所需要的原材料按照所想要的形状和密度接合成型。就像以前的喷墨打印机一样，墨水精准地到达指定位置，现在是在三维层面将分子连在一起,直到正在诞生的产品最终符合客户要求。工作在分子精度的程度上进行,因此有实现完全个性化设计的可能性。

3D打印机可以放在任何能够供应原材料的地方,也就是说可以放在世界上任何一个角落。因此举例而言,汽车制造商的大型物流中心就变得多余了。备件将在需要它们的车间里打印出来,这样总是能够立即可用。于是也就不存在等待货物交付的时间,也不存在旧车的部件不能再被生产的情况了。只需要将一个元件放在3D扫描仪中(无论在世界上哪个地方),或者有相应的数据文件,人们就可以立即打印精确的副本。

许多材料的大规模生产由于3D打印机的高能耗变得相对昂贵。当前人们正在研究一种叫"安装橡皮泥"的材料,它能通过电子脉冲变成各种形状,并且可硬可软、可以着色、也可透明。这种材料可被用作床、桌子、椅子、柜子、服装以及其他各种功能,只需下达一个小指令即可。这种材料就如橡皮泥一样可塑多变,并且立即可用,因此才有了这个名字。

比打印机更便宜的是病毒。以生物学为根基的技术在纳米结构材料生产中占主导地位。对人类无害的病毒,比如我们在细菌中发现的病毒,将经过基因改造以生产人们想要的材料和结构。

22世纪产品的决定性优势在于其表面,在这里生物技术工艺得以应用。例如,不同的环境条件会要求不同的表面。不同的地区外墙的功用也不同。在多雨的地方,外墙表面会覆盖二氧化钛层以利用射入的阳光来杀死微生物。这样的表层有亲水性,这意味着它能吸水,从而使外立面能完全实现自我清洁。干旱地区外墙表面的首要任务是生产能源并调节室内温湿环境,这也可通过只有几纳米厚的涂层来实现。

自然能源

21世纪的经济尽管面临各种困难,但仍旧取得了一定的发展,这应该归功于技术的进步。人口的发展、西方社会结构的僵化使各方阻碍了财富的增长。对于经济普遍增长的关键技术突破——除了新的制造技术——使人们最终解决了能源的供应问题。

本地化生产的能源供给基本上靠太阳能和燃料电池。21世纪初期人们报以很大希望的风能并未付诸实施。电池的效率通过纳米技术工艺得到了提高,这使得地球上几乎所有地区的日间光照都能被用来确保夜间的能源供应。

今天的能源获取基本上是通过人造光合作用来实现的。人们在一定程度上可以说又回归了自然。数百万年,光合作用为地球提供着能源,如今仍然继续。人造光合作用是除生物生产工艺之外,如今改变人类生活的第二大生物技术应用。人们将有机的太阳能电池与水接触,来分解氢和氧,氢和氧将通过燃料电池或直接燃烧被用于能源生产。

能源和技术是任何经济发展的核心驱动力。人类廉价清洁的能源供应使经济增长的界限再一次向前推动。一次又一次,发明家和创业者总是能够成功实现那些聪明男女认为不可能的事情。

20世纪中叶的原料问题引发了骚乱，后来通过地下水矿井以及开采月表资源得以解决。此前的原料供应商，俄罗斯、非洲和拉丁美洲，虽然人们一再预测它们的复兴，但至今仍旧沦为配角。

全球经济仍在寻找自己的道路，不断地成长，正如15世纪以来，世界经济的命运一向如此，缓慢、曲折、断续，但多亏了人类发明的宝库，仍旧勇往直前。

如果我们从2112年回顾这个世纪，既会看到富足中的萧条和失望中的期望，也能令人难以置信地肯定，人类其实过得非常好，虽然还有贫穷，但却不再有饥饿，每个人都能获取整洁的医院、清新的空气、干净的土壤和清洁的水源，并且今天80%的新生儿预期寿命将超过100岁。经济学家基本上都是悲观的人。如果不是，他们也会说，一切都变好了，人类已将过去几个世纪的苦难都留在身后了。

最大的一丝苦涩也许是人们已变得不会满足。通常，人对于物质的担忧只是想象出来的，他们大多已经拥有了祖先梦寐以求的东西，拥有100年前能够想到的各种方式方法，但却失去了目标。如果追求物质成功的目标并不能带来幸福，那什么才是呢？

格奥尔格·冯·瓦尔韦茨（Georg von Wallwitz），1968年生于慕尼黑，资产管理人，作家。曾在英国和德国研读数学和哲学，并取得早期浪漫主义哲学博士学位。1998年以来担任投资经理，2004年开始创业。2011年出版了第一本书《奥德修斯和黄鼠狼——金融市场的快乐导读》。

君特·格鲍尔（Gunter Gebauer）

2112

百年后的体育

1. 摘自 22 世纪的百科全书

关键词:"体育"

19 世纪和 20 世纪的体育被看作是不顾方法、不确定是否适合人类身体条件的成绩产出,大多数是竞赛的形式。这种体育的基本思想就是战胜其他人,以及用所谓的"自己的成绩"去破纪录。

到 21 世纪 20 年代,体育成了一种普及的业余活动和职业。全世界参与的大事件,像每四年举办一次的奥运会,使体育变得更有意义。2020 年,禁用兴奋剂被废止之后,通过人类生化和基因的改善,体育得到继续发展。以前运动员之间的竞赛变成了生化专家、人类基因专家和运动科学家之间的竞争,他们会把特别合适的人类样本制成用来对比成绩的标本。后果就是,公众会渐渐失去其重要性,他们对体育的兴趣也会逐渐减退,尤其是生物保护罩引入之后——自 2070 年每个国民都有义务使用它。

2. 欧洲健康委员会的活动记录 1

大约自 2110 年起，在一些地方出现了损害公共卫生的体力活动。一些煽动性群体宣称，他们关闭了皮肤外套的保护功能，并将开展一种新的运动文化。这种颠覆性活动是应该严格监视并追踪的。作为证据，我们补充了一名中欧女性主体（维拉）的连续思想内容，她的思想被传染给了她的一个好朋友，这个人我们至今无法识别。

3. "维拉"思想的内容，2110 年 6 月至 2112 年 8 月

第一

你知道，触碰人类皮肤的感觉多么美妙吗？

你不会知道——我是这里唯一一个脱掉皮肤外套的人。这是我偷偷做的。

当然，没有这层外套的生活是危险的。想想包围我们的射线、微生物和霉菌。许多人也不免认为，似乎从我们的父辈为我们建起的保护墙中走出，是不知感恩的举动。这可能会像一群极其大胆的男人为了另一群男人的真爱而撕掉长在身上的性保护套一样引起轰动。我不会走到那一步的；然而，我也冒着患病、受伤、感染、被危险的微生物传染的风险。我不在乎——我想触摸我自己，

这种愿望已经满溢了。

当用右手划过左手时，会产生一种奇妙的变化过程：它像一股波浪一样流过全身。如果再用力一点，就好像会在自己的身体上刻上个字一样。它不是标记自己所属品的烙印，也不是人类长期以来用其把自己变成一个符号的文身。它更像是一个轻轻标记的提醒，让我回想起，我还有些事要做。这个记号比我们的良知自控系统要友好得多，一旦我们做出承诺，这个自控系统就会在我们的记忆中心安装一个电子标记。在触摸过程中我没有做出任何承诺——我只感觉到了我的另一只手。我确定，即便是用于内省的最精密的仪器在这一刻也捕捉不到任何思想内容：我就仅仅存在在这里。

我对我自己的感觉和对其他人的表层的感觉是不同的；所有其他人的表层我感知起来都一样。唯一能区分他们的是，每个人都被笼罩在自己独特的味道之下。他们不是被自己皮肤的味道而笼罩，而是被由气味物质组成的识别标志所笼罩。说难听点儿，就是我们身份证明的味道。我多希望我不是唯一一个如此裸露的人。可能我会成功说服别人，至少让他们摘掉手上的保护套。

第二

近几天我有一个重大发现：不带保护罩行动起来完全不一样。没有了力量增强器和运动程序，行动会不灵活得多，慢得多；飞行功能也没有了。为此我的双脚变得很奇怪，每走一步都要接触地面。尽管我的步伐比以前小得多，但是，当我走路时用一只脚撑地，我却会感受到一种令我很舒适的摆动，当我用另一只脚触地时，我会感受到一股小小的碰撞：我可以感受我的重量。因此这就已经不那么舒适了，因为所有人都把自己调节成了标准体重（我甚至调得更低）。穿平底鞋根本不会感到不适；相反，这样走路时产生的轻微晃动会给人带来好心情。

还有一个你可能会觉得奇怪的新体验：我今天摸了我的猫——不是众多幻想宠物中的一只，而是一只真正的动物。它是我祖父母的猫们的后代，有真的毛哦。你可能会觉得它脏，或者害怕过敏；我也是这样，直到我超越了自我。摸它的感觉像摸丝绸一样，古书里就是这么说的。但是直到现在我都不知道是什么意思。看起来，这只猫很高兴我的手能触摸它；它紧紧地靠着我；我感到了它的温度，就好像它是个小人儿一样。

第三

昨天我看了一些早期的图片和老电影。顺便说一下，得到它们很容易。你只需说出关键词"跑"，再补充上年份，比如说2012年，然后你就会得到那个时候大量的照片和录像，他们用古代的方式给你展现出各种各样的人，即没有保护罩，向前移动。最开始我们会以为，他们肯定每走一步都会失败。但是随着时间的推移，他们的缓慢也变得引人入胜起来；可能他们是用自信在前行或奔跑，好像所有人都有一个要达到的目的地一样。就算是他们在跑圈，并在接近终点时越来越快，我们也觉得，他们似乎在追求一个很重要、很高的目标。尽管我不能推断出这些目标的价值，我也以我自己的方式迫不及待地想尝尝小姑娘"罗拉"奔跑的乐趣，想像她那样，接连三次，"奔跑着"穿过整个城市。

我尝试着和这个罗拉做同样的事情。当我惊奇地贴近地面，却没有飘浮着或通过飞行前进时，感觉很特别。没有力量增强器和运动程序，这种运动方式就是一项艰苦的劳动。今天，因为跑步，我的肌肉很痛——这种劳累的形式我们不习惯。起初我一直害怕失去平衡。我们又没有学过不用稳定器移动。但是值得注意的是，我的双腿感觉不错；事实上，人类是可以相信我们自身的平衡感官。如果想快点儿，就得更用力地蹬踏地面；然后就能跨出更大、更跳跃的步伐。很可能那些在沙漠和喜马拉雅山赛道上的赛跑运动员或自行车运动员会轻蔑地嘲笑我奔跑的尝试。但是我自己倒是很喜欢不借助任何手段的存在。我得把文献整个扫描一遍，看看以前几个世纪有没有人有类似的对不借助任何手段的生活的向往。当然，我为我们的工程师、生物学家和程序员取得的辉煌成果感到骄傲——他们为我们电子人开启了多种可能。凭借生物科技我们几乎可以接受一切身体上的挑战。只有死亡我们还不能战胜；但是我们也无须考虑它。我们已经比之前的几代人活得长多了；多亏了生物年轻疗法，我们活得明显比他们好。

第四

无凭借——这是一个能表达出我独特渴望的一个词。无凭借的存在，今天没几个人能承受——不用保护罩而跑步，就只用自己的力量。我明天要光脚尝试一下；但是我不知道我的双脚能不能承受得住压力。

今天我上气不接下气。在我的大腿和小腿上不只有一个印记——现在让我感到不安的是胸腔剧烈的运动（多好，我决定不使用植入物了）。后来当我平静下来时，我感到了从内而发的暖流。内部的温暖没什么特别；只要我们不把温度调节得太高就好。可是这里所说的温暖完全不同：这种温暖是流动的；我毫不畏惧地感受我的心跳。相反，规律而有力的跳动让我相信我自己的身体功能，我不必操控任何东西。我坐在那里，简直太愿意体会这一刻，享受这一刻了。你能相信吗？在这一刻我甚至觉得普通的水也很美味。我指的水，不是我们家里准备好的水，而是从井里，从地底来的水；它并不危险，因为它经过了严格净化。

就伸开胳膊躺在草坪上，看着天空，呼吸。甚至连卧榻也不需要；关掉耳朵中的音乐和大脑中的舒适程序。然后，我们并不会觉得有什么不同；但是在皮肤上我们会有平时察觉不到的细微的感觉——草地让我们感到又痒又刺，阳光会突然带给我们温暖，地板是冰凉的。此外，草和土地都有些细微的味道，有点像绿茶的香味，不同的是这些香气是事物自身散发出来的。

躺下的时候，我完全感知到了我自己。能感受到自己是很美妙的，但是也很特别——我突然渴望着不仅能触摸自己的手，而且能触摸他人的手。我就是我，可是我还是渴望触碰——不是被我常会转换的虚拟触碰模式触碰，而是可以真正被抚摸。就像目录册中说的那样，我有一个邻居，规格完美，他把自己的身体设计成了威尼斯海滩型，在业余时间里，肯（Ken）是个跳火山选手，胆子很大，所以也有点无聊。或许我可以说服他，在某个晚上脱掉保护罩。在此过程中我必须见机行事，否则他会以引诱他人进行非保护接触的罪名控告我。

第五

　　太难了，太难了，肯觉得一个晚上不锻炼身体就是在浪费时间。我额外为腿部锻炼找到了新的器材（我为了把它展示给他看特意租了一台）；我们吃鳎鱼里脊和腿部锻炼消耗的卡路里应该是差不多的。无所谓了——我认为他是怕被我传染。人类又不会通过摸手染上艾滋（以前这个病毒应该是叫这个名字吧）。肯可能提前准备了全身性爱程序，这是他花大价钱买的，在这种模式下人可以调节身材大小、性别、眼睛、皮肤和头发的颜色。自从他安装了这套程序，他就不愿意再来找我了。我自己没什么特别的兴趣想要融入他的程序中（我认为他偷偷扫描了我的数据）。但是有两件美好的新鲜事：我今天在没使用减震架功能的情况下，在我的花园中跳过了花圃，一跃就跃到了另一边！接着我又跳了一步，这次是跳过了花园的小篱笆。我不重，在跳跃时我能感觉到我的体重。人不是自己的负担——相反，当人用力支撑时，会感到很轻快。当人们助跑并被加速带起时，人们可以通过自身的力量跳得更高或跑得更远。

　　同我穿保护罩时的运动相比，我的表演也算不上什么奇迹。正因为如此我才很高兴。像你知道的那样，我去年春天买了一套高效外套，它有着无与伦比的调节功能和适合所有已知舞种的节奏功能。当我把它调节到一个特定舞种时，我的外套完全把我迷住了。但是现在我要自己移动步伐。当我长时间不断高速移动时，我的胳膊和腿好像不由自主地抬了起来，它们都很轻盈。奇怪，我有了一种与恋爱相似的感觉，尽管我是一个人。你看，我脱下保护罩的决定引起了不可预见的后果。我对周围的感觉和我对自己的感觉是不一样的，它们之间有关系吗？我最喜欢细致观察这样的事件了。可是我看得越仔细，我的注意力就越不集中。

第六

我让我自己回忆起在我有意识的记忆之前可能发生的事。尽管这段时间是在我穿上保护罩之前，我还是珍藏着那段时间给我留下深刻记忆的内心画面。直到今天，当它们出现时，还是会唤起我内心强烈的感觉——我的母亲把我抱在怀里，我在浴缸里，她给我洗澡，我的父亲把我扔向空中。我当时大概是裸体的；我手舞足蹈，抬头扭头，我要起身。可能你会觉得，与保护罩给我的能力相比，这一切都那么可笑。可是当我现在回想起来，却很清楚，我在那段日子里一定跟这几天一样幸福，就是我开始自己运动并发现我感知到了自我的这几天。就算是你认为这种表达方式太夸张了——我发现了一种现象，就像发现一个被掩埋的山洞的入口一样：当我在活动或我感知到我在活动时，活动是自助发生的，并且是会引起继续的活动的。这些活动不断重复"回荡"在我的身体中，就好像我不断想深挖那个洞一样。我被这些连续不断的过程吸引向前；我要探索，下一个山洞的后面到底有什么？有种内部力量驱动着我。它不是一个陌生的相关力量机构,我要自己向前推进;只有我自己能在此过程中引领我,推动我做这件事。我为什么要这么做,除了我愿意之外,没有别的理由。我就是我,有人称"我"是一种主管机构,但它本就是我。我开始疾走,奔跑,跳跃,躺在草地里,呼吸,感知心跳和温度,看我头上的天空。我希望有另一个人能和我一起。在邻居中我可能找不到这样的人。肯又站在了银幕前,就像站在镜子前一样,他在看他自己,或是他虚拟的伴侣。

第七

今天是不寻常的一天。反常的是我今天去购物了。我想亲眼看看那诱人的名册里的东西,而不是让我自己单从电子上适应它们。如果没有有形的保护皮肤,最好还是把脚伸进鞋里。我当时在找能穿着到公园跑步的鞋。当我看见了一双合适又漂亮的鞋并想把它拿到手上时,一只手从另一边也伸向了这双鞋。我拿得更快,尽管这个操作不是由保护罩控制的:我想拥有这双鞋的愿望使我的行动果断而又坚毅,以至于另一只手的传感器切换到了静止模式。

这手是个年轻女人的,她似乎和我同龄。她向下看着她静止的手,然后怀疑地注视我;她的眼睛是灰绿色的。"您是怎么能让我的优先权失效的呢?"是因为我的意愿,所以我更快,这是她的程序无法预知的。"我想要这双鞋,正因为如此",我轻声说道,因为我不想引起轰动。"你这个想要是什么意思?"她被激怒了，反问道，从她的声音里我也听出一些好奇，"'意愿'怎么可能比我的程序还要强呢？"我买了个新型升级程序？我根本就没有程序。我跟她这样说时，她感到很惊异，但是是以一种很可爱的方式表示的惊异，以至于我马上就喜欢上她了。

幸好还有一双很相似的鞋；我们两个挨着坐在一起试鞋。她把脚伸进鞋里，她的脚就自动调整成了鞋子内部的形状，只是稍稍修改了一点脚趾的长度和脚的宽度。"我很适合这双鞋"，她满意地说。所有这些有用的操控身体的手段我都不再有了。这也让我觉得有点痛苦；我动了动脚趾，来回走了几趟，让皮革随着我脚的温度伸展开；然后就舒服了。坐在我旁边的她惊讶地看向我；她注意到了我的脚是怎样慢慢适应这双鞋的。"一切在您那里看起来都是那么不同，不知怎么就都反过来了。但是看起来您感觉不错。"她想了一会儿又补充道："如此生气勃勃"。看起来生机勃勃——我们所有人都想这样。这也就是商场里很多人都转向我这里的原因。我们一前一后在收银台排队，她让我在她前面。"跟我透漏点儿您的秘密吧"，她对我耳语道。我感觉到了她是怎样站在我后面的，我也觉察到，她被我吸引了。

她走到我旁边。"给我解释下什么是意愿吧"，当我们脱下鞋子，舒服地坐在沙发上时她说道。我们各坐在沙发一边，脚相互触碰。我该怎么跟她形容我的意愿是怎么帮助我的呢？"我看见了这双鞋，然后感到心中燃起一阵烈火，然后我就伸出了手。这些是一个动作——火，手，拿起鞋。""什么样的火？"她怀疑地问，然后又继续说道，"但是你当时看起来很幸福。"幸不幸福是可以看出来的吗？"你走的真好看，我该怎么说呢，那么轻快。和我们完全不一样。"她的赞美听起来很真诚；我喜欢她，我想成为她的朋友。她应该也看出我的意愿了。她很漂亮，我多么想触碰她。但不是触摸她的人造皮肤。

"我想给你看点东西。躺在靠背上，关掉身体中的音乐；别想其他的。"我边说边考虑该怎么说服她。只要她还活在她的保护罩里，抚摸就不会起任何作用。我必须试点其他的办法。"闭上眼睛。"我的手拂过她的眼皮。轻柔地按压会使她体内的图景渐渐消失；这是我自身的经验。她深呼吸，在她感到我指尖的轻微压力时。她的眼睛还保留着她与生俱来的、身体的敏感性。

第八

她听劝了。她离开了她的保护罩。

现在我们两个人在一起。我不想变得太亢奋——各种不习惯的新鲜事把我捆住了：我从没想过，未经加工的感觉可以产生这么深远的效应。也没有想过，虽然我有时觉得她让人难以忍受，但是我还是会喜欢她。好像我又被带回到那段住在洞穴里的有自我意识的时光，我又感到了世界对我的回应。我会觉得明亮的阳光太过刺眼，几乎让我感到疼痛；它们像箭一样刺进我的肉里。我牢牢记住了这种感觉，每次跑步时脚感受到的压力，大口急促的呼吸，脸变得发热。这一切都比我们以前穿着保护套装时在山地进行的极限旅行更难忍耐。

我们必须学会忍受这种体验；必须克服由此引起的感觉的混

乱。这样我们就可以看出，身体习惯的裸露不是问题；在空闲时光，当我们消遣或者为了玩什么游戏把衣服脱掉时，我们是可以习惯裸体的。问题在于，我们要用自己的肉体去体会外界。我们的肉体变得让人难以置信地敏感；自从大概三代以前我们生活在保护罩里就是这样。

第九

可能人们脱掉保护罩才能感受到原始的肉体欲望，是我们这个团体里只有女性而没有男性敢加入我们的原因。我们现在已经是一个小团队了，发展新成员的方式很相似，就像我认识诺拉那样：由于好奇，不同寻常，和我们动作的野性美的吸引。可能男人也会被我们特别的、不穿衣服就能现身的冒险欲吓退。

我们的一个好朋友有一个带花园的房子，那里的景色很美好；今年朵拉选了一个英国风光的公园作为背景。它对于我们的意图很有利，因为它"长满"了录像雕塑品——它足以让我们删除程序了，此外我们还有一片漂亮的、真正的草坪。它足够大，能让我们在有力而快速的奔跑中感受风吹过我们的头发。每次当我们一起，用自己身体的力量跑到对面时，小火苗就在我内心不安地跳动。我认为，我想第一个到达对面；可能这有点难堪，但是我承认，这会让我快乐。

发生了一件很美好的事之后，我们的娱乐活动更吸引人了：朵拉的两个孩子，两个未成年的男孩儿，在我们锻炼时偷偷看了我们，最开始他们觉得好笑，后来就越来越感兴趣了；最后他们干脆跟在我们后面。他们喜欢我们的"游戏"。"游戏"这种说法很不常用；事实上人们只在性的语境下才会这么说。最开始我们也震惊于他俩的说话方式；但是他们指的是明显不使用程序的操作。他俩看到的和吸引他俩的，就是谁跑得快，谁就是最快的这个事实。他们也想参加赛跑，看看他俩之中谁才是更快的那个。对他们的母亲来说，这可不是个简单的请求：同意他们脱掉保护罩要承担多大的责任啊！幸好这个家庭里没有父亲；否则他看到孩子没穿保护罩的话会禁止我们行动的。

最开始两个孩子活动得很小心，惊讶于他们的脚感受到的阻力。然后最初级的前进就给他们带来了乐趣；甚至他们跌倒时的疼痛，他们也笑着接受。他们开始相互推搡、冲撞，一个为了抓住另一个而倒在了他的后面。最先穿过草坪的那个，发出了一阵胜利的狂欢。胜利无关任何事，然而奔跑、嬉闹，扭打着玩儿还是给他们带来了说不清的快乐。在我们的社会，挥霍被购买的商品是最有价值的——在这里，我们挥霍的是我们自己产出的东西，我们的体能和源于我们自身的快乐。事实上正是这些力量我们才不能交付出去；我们需要它们来度过漫长的一生。关于生命的长度我们在朵拉的公园里一点都没想过。

第十

当我回看我们生命的开端时，我觉得，我们每个人都无辜地撞开了一扇门。用内心的眼睛观察过开端之后，就别再指望能无辜地撞开一扇门了。当我摘下我的保护罩时，我有种奇怪的情绪；

只有我一个人做出这样的举动。开始我也陷入了对自己的怀疑，我的举动可能是出于自恋。但是我想和别人分享触摸的感受的愿望不是自恋——维拉很喜欢我这样；她也愿意和我分享触摸的感觉。我们不是反叛者（可能有人会有这种想法）。我们之中没有任何人想改变我们的社会。相反，我们愿意遵守它的法规：这取决于我们是不是感到舒适。然而，让我们感到舒适的东西有些激进：我们想……（记录到这里终止）

4. 健康委员会活动记录 2

必须注意的是，现在已经有一大群人脱掉保护罩了。尤其令人担忧的是，这些团体为他们的活动争取到了许多年轻人。是时候制止它们的扩散了。他们声称自己不是反叛者。这是天大的错误！他们给我们的法律强加了全新的含义。他们的目的是改革我们的生活方式；每场革命都会动摇一个管理良好的社会的基础。维拉、诺拉、朵拉和他们的同谋都必须尽快回到他们的保护罩里去。我们确定，他们不会反抗我们新研发的系统。

君特·格鲍尔（Gunter Gebauer）是柏林自由大学哲学和运动社会学教授。研究兴趣：身体的发展史；行为、情感、语言和实践经历的关联；尼采、维特根斯坦。

瓦西尤斯·特纳基斯（Wassilios E. Fthenakis）

2112

百年后的教育

不安全感：预言百年后对教育的理解、教育目标的确定和教育系统的组成会怎样，需要预言的能力。我自知自己没有这种能力，如果要我斗胆讲讲几个趋势以帮助我们预测百年后的教育会是怎样的，我首先要说，犯错乃人之常情。不过讽刺的是，我又可以自信地说，我不必亲身经历犯错的"后果"。于是心中有了无拘无束的想象和没有根据的勇气，也正是这样的勇气让人冒险接下这份任务。

　　昂贵又无效的体系：如果观察如今的教育系统，它呈现出的是我了解的无效的组织形式之一。这些形式把孩子们关进建筑上和美学上都毫无特色的房屋里12或13年，如果把学前教育也算进去，那就是15年。他们在那里度过人生中的数千个小时，去学习他们日后未必能用得上的知识。目前的教育尚且存在，要感谢它根本不用证明教育的有效性。大多数情况下，天真的大众相信教育不可或缺就足够了。为什么接受教育？为了便于父母更好地调和工作和家庭？为了不必取消怀孕？还是为了不给失业统计数据增加不必要的负担？

　　孩子是中心：然而，到目前为止没有听到这个论据，宪法确保每个孩子都有接受教育的权利，这也赋予了教育机构权力。德国宪法中目前正缺少这一条：孩子法律地位的定准。如果百年后公众重新提起这个问题来讨论，那孩子应该能够指出他们不可改变的法律地位，并要求他们有在教育机构证明及其组织形式和内容确定上的权利。只有孩子在德国宪法中享有中心地位并且掌握教育上的基础权利，才能实现孩子是中心。下几代人都要为这个伟大任务而斗争。

给哪个社会的教育系统？设计教育系统，确定其内容并将其体系机构具体化。要实现这些任务，首先要解决其他问题：如果我们回望 20 世纪，会发现现代化是社会的特色。从这点出发，有了统一的世界的理解，世界呈直线式增长，人们以为借助自然科学可以轻松地预测世界。现代化也影响了机构，影响最大的是教育机构。根本没有给多样化、不确定性、个性化和转变的空间。所有孩子都被一样地看待和对待，人们期待孩子们拿出可比较的成绩。如果不同的个体被相同对待，这样的体系是最不公平的。

21 世纪初，人们开始认为现代化不再适合描绘产生的社会现实。因为欧洲社会以及欧洲以外的社会，都表现出高度的文化多样化、社会复杂性，出现前所未有的快速变化以及空间和时间特色。个性化和差别化的过程是现代社会的特点，这样的社会不能用法律、准则和普遍使用的价值体系、教会或者社会结构去控制。对于朝这个方向发展的社会，人们期待社会未来具有这些特点，我们需要不一样的教育和教育系统，新的教育系统首先要以个体为对象，教育要重新定义，教育目标要改革，引入新的教学法和教育学理论，重新设计教育结构。首先需要直接服务于孩子和社会结构以及社会期待的教育系统，也就是适应人体的发展和不限制他们的创造性。孩子的发展不该成为社会期待的牺牲品。另外，我还不知道儿童发展的其他领域，迄今为止，这一领域与性别特定行为的发展一样明显。

有特长的孩子是中心：如果接受这样的前提，那么教育系统、其他教育机构、教育场所等，应该将孩子而不是迄今为止的机构置于中心。虽然如今在新的教育计划中已有，例如在黑森州的教育计划中能看到这样的趋势，然而实施却不够一致。教育制度相对个人的主导地位仍然不容否认。但是，如果允许孩子占据这个位置，那么重要的是要确认每个孩子的个性，并将多样性视为正常且可取的。百年以后，这将成为理所当然的事情，也是教育系统的特点，从这个角度来看，对21世纪初的历史回顾只会引起惊讶和不理解。

理论基础中的转变：如果社会如此深刻且迅速地变化，就像如今这样，那么我们是否能继续使用迄今为止用于描述教育过程和说明教育系统合理性的理论立场和解释方法。

从20世纪下半叶开始，发展心理学家一直非常积极地参与儿童发展和儿童学习，让我们深入了解人类发展和学习的过程。皮亚杰（1896—1980）利用建构主义的理论来解释儿童的发展。他对孩子的认知，以及社会和道德的发展感兴趣，最重要的是所谓的跨领域教育过程。

在他去世 40 年后，理论立场出现了范式转变。古典建构主义方法回归社会建构主义立场。社会文化理论和后结构主义方法正在全世界引起关注。然而，这些导致了对教育完全不同的理解，并强烈建议对教育系统进行改革。根据建构主义观点，儿童出生即具有能力，他们能够检查这些能力从而形成对这一现实的主观描述，现在这一观点被驳回了。在自我构造理论出现新的历程，即儿童从一开始就嵌入社会关系系统中，与其他人一起产生知识并构建意义。在这种情况下，孩子不是其教育的唯一建设者，孩子与其他儿童和成人共同建构他的发展和教育。我相信，我们在百年以后会更承认这种社会进程的意义，使教育和教育系统获得完全不同的概念。也许这是最有可能发生的预言。

伟大的改革需要时间。从俄罗斯心理学家莱夫·维果茨基（1896—1934）第一次表达这样的想法，到这一思想在教育系统中稳固，过去了差不多 100 年。22 世纪初的教育系统将进一步发展理论社会文化立场，并将教育定义为儿童积极参与塑造的社会过程。学习将变得比如今更加社会、文化和情境式。新的技术发展将促进和彻底改变这一进程。不仅自然界，宇宙也成为未来孩子的学习空间，这将提供从今天的角度来看难以想象的学习机会。如果有的话，这些挑战只能在国家层面有限地解决。未来的教育系统必须在国际层面上进行和构建。如果以现代方式组织，教育过程必须超越学校阶级和国家空间。将不再有来自巴伐利亚州的"教育和文化部长"，也不再有德国或法国的政治家。也许会有欧洲部长和文化部长会议，其中除了欧洲，还有美国、中国、非洲或澳大利亚的同事坐在旁边。坐？这当然是不合时宜的，因为到那时候，会议将通过手机、iPad 或类似技术来组织，并且这样的技术将被证明是更有效的合作和沟通形式，而不是今天的政治家花费大量金钱和时间进行的实践。

转变教育系统的合法性：20 世纪，教育系统使知识的传播和传授合法化。这是非常合理的，因为在这个时候，对于职业生涯和个人的社会定位来说，获取知识是不可或缺的。在 21 世纪初，仅凭这种合法性将不能再为教育投资合理性提供依据。相反，重点是以儿童发展和儿童技能为中心。虽然仍然像以往一样需要知识，但还不足以有效地应对 21 世纪的挑战。这导致了哥白尼革命，它将个人及其发展置于系统和获取纯粹知识的位置。

此外，21 世纪初世界的这种观点往往局限于明确的社会地理现实。22 世纪初期，不仅整个世界，宇宙中的其他行星也将提供学习空间，并且可能提供（至少是虚拟）体验空间，人们需要空间内的知识并根据时间组织教育过程。学习空间的这种巨大扩展将带来新的挑战，这将使目前的学校课本成为区域的、目光短浅的，因此不再是合适的基础教育材料。这开辟了无法想象的教育机会，将大规模扩展和丰富世界的视野和理解，而这不仅仅是我们的星球。

为儿童在不限于地球的地方做好教育系统的准备：如果只是地球是可能的学习和（也许还是）经验空间之一，那么现有质量的教育系统是否仍然存在？这个问题只能敷衍地回答：在 20 世纪，教育系统以服务于各自国家为前提。因此，他们强调母亲的主导地位，即国家语言，以牺牲语言多样性和民族认同为代价，忽视文化多样性并有效地阻止了跨文化能力的获得。如果教育系统作为欧洲政治发展的结果正在慢慢开放，支持多种语言和跨文化能力，那这是由于社会和经济的强迫，而不是认识到地球上的大多数儿童在多语种空间中成长，甚至没有认识到交流的全球化需要高度的交流能力，包括掌握至少两种外语。百年后，将有一个合理的前景，即可以克服这些前提，并且交流过程不会被施加任何限制，包括政治、经济或意识形态的限制。

然而，全球化进程只有在其引发语言和文化多样性的敏感性时才会成功。如果执行一种新的通用语言（目前为英文）来牺牲语言的多样性，那么将会出现一些没被警告过的其他问题。另外，需要提出一个合理的问题，是否会有一个或多个通用语。100年以后，经济和社会条件将从根本上发生变化。许多语言将获得支配地位，这仍然是可能且被渴望的。除英语外，不应忽视中文、俄语和阿拉伯语。西班牙语、葡萄牙语和法语将在目前分配给它们的地理区域中保持其重要性。22世纪的孩子将被赋予作为具有较强的语言能力和跨文化能力的世界公民的任务。掌握几种语言对于后代来说将是理所当然的事情，这对他们20世纪的祖先来说只是一种恐怖的视野，并使他们深受恐惧。

改变对教育的理解：如果教育是互动的结果，那么对话组织的过程不仅有助于产生知识，最重要的是有助于构建精神，探索意义，那么这种方法将在短短几十年里改变教育系统的质量。互动的质量在这里发挥着关键作用。持久的将是面对面的交流，与他人的相遇，与他们在完全不同的教育过程组织中的对话。然而，使用的手段会发生变化。现实的教师是否会构成必要条件，至少在目前的排他性中是非常值得怀疑的。与现有机会相比，未来的教育过程组织将更多地、更系统地利用技术发展。每个学生都可以在大型数据库中获得信息，每个学生都可以在数据库中根据他们的教育需求单独检索信息。那所建立的反馈系统将比任何教师都能更好地帮助学生识别、控制和检查控制个人学习和发展进度。

在今天已经有类似的学习产品，仅限于有特殊需求的学生。学生可以通过 iPad 个性化设置来获得。虚拟空间中的导师随时都可以提供帮助。在虚拟学习的社区中，孩子们学会完成任务，解决问题并共同构建意义。这种目前已显露趋势的发展将成为 100 年后的主导学习模式。技术将允许学习过程在最高程度上的个性化，也就是适应个人的学习节奏。在虚拟学习社区中，来自世界各地的儿童将共同组织学习过程和理解过程。在这种对教育的理解中，任何形式的灌输都被剥夺了，当地的社会结构将变得越来越不重要。交流的需求超越了界限，语言和文化对话将有助于进一步巩固世界和平并结束极权制度。我们目前掌握的关于青年未来的态度、意见和愿景的所有数据表明，未来会向这方面发展。

家庭作为教育场所：现有的经验证据强调了自 20 世纪 60 年代以来家庭对儿童发展的重要性。人们说儿童发展差异的三分之二可通过家庭因素解释。然而家庭自身也在改变，出现了不同的家庭形式。家庭已经有了竞争者：媒体成除了家庭和教育机构外的第三个教育者。

家庭体系内的分化过程可以预测家庭将失去一些影响力。20世纪的家庭模式以儿童为中心。21世纪的家庭模式已变为以合作为中心的模式。我们无法猜测22世纪的模式会是什么样子。但有一点可以肯定：与20世纪的家庭模式相比，孩子将失去重要性，并且成年人的个人需求将变得更重要。由于平均预期寿命增加和生物医学研究的巨大进步，人口发展将加强这种进程和社会发展。

另一方面，任何社会都无法承受放弃孩子的奢侈，尤其是出于自我保护的原因。因此，除了家庭之外，社会必须对儿童承担更多责任。百年以后，教育将成为公共利益和整个社会的责任。家庭以外的教育场所将变得更加重要，仅仅将儿童与父母联系起来并将父母留在家中的模式将在历史中消失，并留下痛苦的评论：当时并不了解孩子和家庭真正需要什么。

以教育为导向的方法，非封闭式教育系统：如果儿童在不同的教育场所学习并在将来学习得更频繁，那么教育场所相互依赖的问题就具有根本的重要性。到目前为止，教育系统已将家庭视为最重要的合作伙伴。教育场所与家庭的关系被概念化为所谓的"父母参与"：但在现实中，家庭是机构唯一的旁观者。在此前对"父母参与"的解释中突出的是制度观点，家庭参与的可能性是有限的，并且总是在教育制度利益的背景下合法化。共同建构意义下的参与既不是理解，也不是给定的具体形式。

如今教育场所概念已经显示出变化。人们普遍支持建立教育合作伙伴关系，基于儿童教育发生在不同的教育场所，并且教育场所被纳入儿童教育优化的考虑中。这方面的制度贡献并没有使共同构建者对特殊权力或特权地位具有合法化。相反，它致力于建立一种基于相互欣赏的共同建设态度，并愿意参与讨论如何与儿童一同构建一种融合并系统地使用不同观点／贡献的儿童教育系统。这涉及所有教育领域，所有需要加强的能力或愿景，以及整个儿童教育阶段。这一发展将导致教育过程的民主化，教育系统的价值和重要性相对化，以及加强外部教育场所。

现代和未来教育系统的教育目标：无论这些变革过程如何，现代教育目标的问题依然存在。这个问题以同样的方式出现在所有教育场所，并与之紧密相关，如教育系统的组织问题以及教育场所的问题。针对这个问题已经开始了一场范式化的变革，这场变革在未来将获得支配地位和重要性。当代有组织的教育系统的合法性主要在加强儿童发展方面。这给目前的教育系统带来了巨大的挑战，面对挑战我们既没有准备也没有具体的解决方案。因此，未来的教育系统必须处理的基本问题是：人们追求什么样的教育愿景？如何重新定义教育目标，以便从一开始就加强儿童技能？哪些教育领域适合组织教育过程以实现这些目标，以及如何进行教育系统组织以建立一致性？

从最后提到的问题开始：目前的教育系统在结构上与多层住宅类似，每层楼都有不同的建筑师负责。因此，每个建筑师都在他自己那层实施计划，但所有人都忘记了建造楼梯。结果呢？教育缺乏一致性，这是当前教育系统的最大弱点之一。这种组织系统造成了许多问题，其中最重要的是系统的教育公正性。就像德国的实证研究所证实的，不能克服教育过程中的过渡期（从家庭到育儿园，从育儿园到幼儿园，从幼儿园到学校等），这个问题涉及三分之一的儿童。代表性较高的是年龄较小的儿童、男孩、有移民背景的儿童以及来自所谓教育不足的家庭的儿童。换句话说，依赖于教育系统的儿童可能会变为失败者，尽管持续了40多年的努力，我们迄今仍没能找到满意的答案。系统固有问题需要系统性答案。这样一来，教育系统未来必须改变，教育系统的建筑计划将调节整个教育系统：同样的理论基础、同样的教育理念、共享的教育愿景和相应的教育目标，当孩子转换教育时，可以毫不费力地过渡，确保他们有陪伴一生的教育过程。所有共同建设者必须基于相同的原则参与到孩子的教育过程中。仅靠个人努力不能实现系统相关但表现个性化的教育合法性。它需要进行系统性改革，这需要比迄今为止更强、更集中地解决未来的教育系统。

教育愿景：迄今为止，教育系统已经确定了通过获取知识和技能的目标。这种定位不再为未来的教育系统提供任何前景。教育目标需要定义愿景，以便不会埋藏在日常学校组织的可怕实用主义中，必须学会重新定义基于个人而不是社会存在的目标。

现在已经出现了这种发展迹象。几年前，当我在一些联邦州负责新的教育计划时，我处理的中心问题是个人拥有多少自由、多少设计空间，以及如何处理社会结构对个人教育经历的强大影响。我明确地站在了个人一边。在经历过多样性和分解的社会中，正如目前的情况那样，没有其他可行的替代方案。如果一个人采取这个立场，那么有必要设计一个充分考虑个性的教育系统。这在未来将更加必要，因为这种全球化和区别化的过程是不可逆转的，并且应该加强。因此，未来的教育系统需要定义其愿景，设计一个儿童和童年的"人类"形象。我们正处于这种思考的开始阶段。未来的教育系统需要并将以更精细的方式阐述这些问题。

如果在我负责的教育计划中提出五个这样的愿景，那我希望能在这方面发起一个话题，而不是提出一种固定的框架。例如，黑森州的教育计划中，归纳并确立五个愿景：（a）坚强的儿童；（b）具有沟通和媒体素养的儿童；（c）富有创造力、想象力和艺术性的儿童；（d）善于学习、研究和探索的儿童；（e）以价值为导向并参与其中的儿童。同时必须经常根据社会和文化背景重新定义这些愿景。这对任何一个教育系统来说都是一个挑战，即使在未来100年，尤其是针对那些不遵循民族国家哲学或应该适用于有限的社会政治现实的系统。

儿童能力作为教育目标：到今天为止还没有精心设计的通过教育系统加强儿童能力的概念。在巴伐利亚州和黑森州新的教育计划中引入思维模式代表了在这方面的努力。加强个人技能（例如积极的自我发展、加强自律、发展元情绪能力等）是由使个人参与和共建社会并为之负责的能力来补充的。即使在今天，社会也不再受外部机制的控制：法律的影响有限，制度的影响，以及教会、社会机构的力量，所有这些都越来越少地针对个人。因此，现代教育系统不仅要加强个性，还要提升那些使个人能够为自己和他人承担责任的能力。

一个20世纪的教育系统的重大遗漏，是它并没有加强儿童学习方法的能力，虽然通过预测这很大程度上与孩子的学校和学术生涯相关。未来的教育进程要关注的不是传达事实，而是自我控制能力，也就是让孩子能够有目的地处理和加工新信息，找到新知识，扩展和组织信息去解决问题和承担社会责任。在未来，孩子将能够发展观察和管理自己行为的能力，以及批判地使用媒体的能力，并正确评估自己的表现。在这方面，孩子们将具有从今天的角度来看难以想象的技术条件，不断地为他们提供关于自己的发展、表现、个人进步的反馈，并在设计个人教育计划和确定教育目标时提供帮助。在可以想象的范围内，每个儿童都可以通过微芯片或微控制器获得教育和健康数据，提供管理其个人教育所需的信息。此外，还提供有关儿童健康状况的数据，也可以及时警告儿童的任何不良发展或健康风险。

然而，在这种情况下，在社会建构和个人之间的决策中出现了类似的问题，并且确保个人的首要地位以便不产生新的依赖性将是一个巨大的挑战。无论如何，教育系统将无法再自行管理这种有组织的教育过程。他们必须学会重新定义自己的角色，并从根本上重新思考他们的结构和组织。在机构，也指教育机构，某个时代、某个时期的"孩子"将得到提升。在加速变革的时代，他们的生存状况取决于他们的转变能力。从今天的角度来看，有正当理由怀疑现在的教育系统是否能胜任这些能力，以及以其现在的组织形式能否确保孩子在22世纪更好地生存。

教育成为可购买（昂贵）的产品：在过去的一个世纪里，教育系统根据相应的目的提供给所有儿童。社会通过这种方式试图向每个儿童提供当时可用于学校和职业生涯所需的知识。通过这种方式寻求某种社会公平性。尽管如此，该制度仍然很不公平。此外，该系统缺乏效率，这是由于它缺乏改革意愿。在任何时候，都有一些家庭在经济上能够为子女提供更高质量的教育。这是社会精英的特权。然而，教育系统的这种发展仍然是可控的。在过去 20 年中，不同社会部门内部也达到了相当大的比例。很长一段时间，教育系统都没能幸免。越来越多的私立机构为儿童提供了更多的受教育机会。在此过程中伴随着对教育责任小心翼翼的下放和在减少公众控制情况下教育产品的多元化。

这种趋势在未来几十年里将会加剧。随着教育部门私有化的进展，各种各样的教育产品将引起社会，特别是教育公平性的新问题。自私有化趋势打开国家界限以来，这将变得复杂。教育和通信部门的技术成就进一步加强了这种发展。教育将在很大程度上成为销售产品，这就出现了社会教育公平性的问题，并且比以往任何时候都更加紧迫。这些发展，与之相关问题的讨论，甚至相关的话语将成为全球辩论的主题。国家范围内，以及整个欧洲都要开展讨论。

对待多样性： 如果要预期这样的发展，如果教育成为最重要和最昂贵的商品，并且如果需要按照指示组织教育过程，正如已经提出的那样，只有学习不同的多样性才能取得成功。有趣的是，在 21 世纪初，教育工作者已经认识到了这种需求，并开始了一种范式转变：他们不会忽视差异，或者他们不会像迄今为止那样消除差异。相反，为了获得更多的学习经验并获得更多的共同利益，人们有目的地肯定、欢迎和使用这些差异。对多样性的这种不断变化的理解反映了文化多样性,他们将多样性视为一种机会,并将其作为一种质量特征在教育计划中加以考虑。从这个意义上说,新的教育计划反映儿童性别、文化和社会背景以及来自不同需求(例如有天赋的儿童,有发育风险的儿童等)的差异。

在澳大利亚和新西兰的学前教育设施中,学习者在入口处就已经找到了明确的指示,能引起人们对该机构文化多样性的关注(例如各自母语问候的儿童照片,具有不同文化背景和丰富的儿童照片,展示文化多样性的各种材料,具有不同外貌和肤色的娃娃等)。在新西兰的幼儿园里,他们可以在平等的基础上使用英语和毛利语这两种语言,文化多样性是这个国家课程结构的一个质量特征。在个人层面,鼓励孩子们去想自己的优点和缺点。这些针对多样化的个体内的意识可以作为一个起点,与孩子们共同发展,去理解朋友的优势可能和自己的不一样。这种认识必须建立在欣赏的基础上,以将尊重自己的优势的主张合法化。

歌德曾表达了这一点:"宽容应该是一种暂时的态度:它会引起认可。容忍是侮辱。"这是有关差异的认同及其在早期教育过程中的应用。这种对多样性的理解不仅会带来更多的个性化,而且会带来更高的社会公平性,并在早期为包容性教育系统奠定基础。未来几十年将继续加强和扩大这种多样性的方法并系统地实现这种转变。它将成为新教育理念的核心特征和教育过程的中心组织原则。

教育系统的监管:现有教育系统缺乏适合的监管。不同层次的教育系统受到不同的监管。到目前为止,学前教育领域已基本上放松管制，而学校部门则过度监管。监管不合适的教育系统也不能提供特别高的教育质量。比较现有的研究结果，证明了德国教育体系的平庸，未来必须克服这种体系。目前的研究证据强调了对强有力的监管以及强有力的放松管制的需求。根据这些调查结果，教育计划、教育系统的融资、教育人员的素质和评估应该保持在监管的中央。如果考虑了放松管制不会导致降低质量标准或局限于当地教育文化，那么所有其他方面都可以解除管制。百年以后，仍然需要提出这样的问题，但他们的答案必须基于其他前提。如果不能再在国家范围内组织教育系统，那么就需要新的治理机制。在这方面，技术发展也可以提供援助，跨国教育组织的新途径，不仅开辟了沟通，同时也为控制创造了新的可能性。

22世纪的教师：只要教育是通过话语和对话式以及与他人互动构成的，就不能也不应该放弃教师。然而，教师在20世纪初期的作用当然无法与今天教师的作用相提并论。百年以后这点不会有任何不同。这可能是自第二次世界大战以来德国教育改革最悲惨的一章，教师的资质化已成为任何改革中被遗忘的领域。这尤其针对学前教育专业教师的资格。人们无法为教育者的形象展示一个美好的未来，正如今天所呈现的那样。教育制度的改革不能排除教育者的培训。这是最紧迫的政治和专业挑战。它需要有结构、有组织和内容相关的重新定位。最具创新性的发展之一，就是人们已经开始制定和实施跨机构的综合教育计划，在教师培训中没有体现这一点，这只能被认为是不合时宜的。

我们需要相应的跨机构培训计划，这将使未来的教师能够从儿童出生开始,在长期的不同教育场所的教育过程中提供帮助。培训质量不应该仅限于提供专业知识。未来的教师需要培养能力,使他们不仅能够以体验的方式组织教育过程,而且在很大程度上用专业性解释的方式组织教育过程。他们需要一系列能力,例如:互动能力、反思能力、研究能力、观察和记录能力、互联网能力、领导能力等。因此,未来教师的培训需要满足这些要求。对待新技术的能力、与其他共同构建者一起塑造教育过程的意愿、在虚拟环境而不仅仅是在教室中教学、掌握足够的语言能力,以便与其他国家的同事合作,这些是未来教师资质要求的几个方面,着重要求教师能够共同组织构建教育过程。

教育是繁荣和个人福祉的保障:未来的社会必须重新评估教育的重要性,包括个人福祉和整个社会的福利。这种迹象可以在横向上看到:如果今天赢得或失去有教育政策主题的选举,这可能是引领潮流的。但我们远未认识到教育在现代社会中的重要性。而且由于这方面的知识缺乏,大家都不愿意给孩子足够的空间,我们缺乏教育领域充分的投资,缺乏将作为最重要参与者的教师视为全社会发展和教育发展最重要的资产的态度。然而,在未来,这种社会估价问题将在政治计划中扮演不同的更重要的角色。也许这是可以为儿童服务的观点,同时帮助世界以更加人道、和平的合作方式共同建设性地迎接未来新的但并非更容易的挑战。

瓦西尤斯·特纳基斯(Wassilions E. Ftheakis),人类学家、分子遗传学家、心理学家和教育家。1975年到2005年担任慕尼黑国家学前教育研究所所长，1978年到2002年同时担任奥格斯堡大学应用发展心理学和家庭研究教授，2002年至2010年担任波尔扎诺自由大学发展心理学和人类学正教授。他作为第一作者和合作作者出版有200多部著作。目前任德国国际教育装备协会会长。先后被授予联邦一等十字勋章、巴伐利亚贡献奖和慕尼黑市乔治·凯兴斯泰纳（Georg Kerschensteiner）勋章。

弗兰茨·M. 乌克提茨 (Franz M. Wuketits)

2112

百年后的医学

> "……相信人类更高更新的阶段会将此前所有阶段的优点都融为一身,这是一个狂想。"
>
> 弗里德里希·尼采

如果想对未来做出合乎现实的论断,那就要回顾一下过去。不仅如此,过去的人们如何想象未来也是尤为有趣的。就医学而言,1910 年,一位名叫 C. Lustig 的教授(可能是化名)认为,医学百年后将变得可有可无。他相信人们的生活条件会得到全面改善,而且疾病预防措施也会非常有效。他只为外科预测了一个玫瑰色的未来,因为受伤、摔断腿以及其他的意外事故总是不可能完全避免。就这一点而言,他当然算是有道理的,但除此之外他的预测结果就完全不入流了。今天我们仍然像以前一样需要医学,而且在某些方面甚至比以前更需要了。医学如今已分裂为数不清的专业领域。医生诊所和大医院仍旧门庭若市,健康状况变得更好,疾病会带来巨额成本。毋庸置疑在过去的几十年中,至少在文明的西方国家,营养、卫生等方面的生活条件得到了显著改善,但同时正是在这些国家,我们也不能忽视"文明病"这样的流行病传播。我们正步入一个"慢性病的时代"。

对整体医学未来的思考将不限于医学技术发展的可能性——可以预见的诊断与治疗技术的改进，还必须考虑到人们所期盼的社会发展。这使预测变得更加困难。未来 100 年有哪些社会变化是可预见的？它们会对医学带来多少影响？反过来医学又会在多大程度上干预到社会的发展进程？我将在这篇文章中针对这几点内容深入剖析。首先我来简要推测一下未来的医学工作方法。

激光的胜利

1960 年，美国物理学家希尔多·H. 梅曼（Theodore H. Maiman）以其发明向世人亮相，这项发明的应用一开始还备受争议，那就是光放大器，更确切地说是通过激发放射来增强光束的仪器，今天它有一个更为人熟知的名字，"激光器"。"激光"（Laser）代表着"通过刺激辐射发射来放大光线"（Light Amplification by Stimulated Emission of Radiation）。如今激光束在不同科学学科和技术领域的多样应用，在当初是没有人能想象得到的。在医学上，它在不同的诊断和治疗领域都起着重要作用，比如，激光能穿透皮肤来识别癌细胞，还能靶向摧毁目标细胞或者将分离的组织"焊接"起来。牙科也是激光技术的一个应用领域。与传统的钻孔方法相比，激光疗法对患者的优势在于它可以减轻疼痛且出血量少。

自这项发明问世以来，激光技术的基本原理没有丝毫改变，但其应用的可能性却大幅度扩展。我们可以期待，这一点在未来仍将持续下去。作为"医学多功能的'口袋刀'"（Borchard-Tuch 2010），激光将发挥越来越重要的作用，许多医生使用的切割工具都将变得多余。外科手术也许仅在100年之后就将在很大程度上成功实现无流血操作，这将适用于医生诊所和医院的各种情况。"古典的切割方法"将仅在现场做手术时根据必要的需求而使用：即事故的第一现场或意外的紧急救援以及救治战争或恐怖袭击的受害者（战争、恐怖袭击、意外事故，百年后也不会成为过去）。外科医生的愿望——特别也是病人的愿望（！）——在手术操作时能够减轻痛苦和折磨，在这个意义上，微创手术在未来的成效将比今天更令人满意。

带着外来器官生存

将有病的器官换成健康的器官，这个古老的梦想在20世纪就已实现。1962年12月，南非外科医生克里斯蒂安·巴纳德（Christiaan Barnard）和他的团队一起，首次成功进行了心脏移植——病人带着这颗陌生的心脏活了18天之久——这可是轰动医学界的一件大事。1968年，巴纳德又成功进行了一次心脏移植：病人在移植后幸存了19个月。在这期间，心脏移植已经进行了上万次。不仅是心脏，还有其他器官，例如肾脏也被移植过，并且相当成功。尽管移植医学的历史短暂，但今天这已经成为理所当然。但还有一个问题，那就是对于捐赠器官的需求将大于供给。

补救措施可能是"异种移植"，即将动物器官（还有细胞和组织）移植到人类身上。早在20世纪90年代初，美国就有一名35岁的男子植入了一个狒狒的肝脏，这个男人因此活了整整70天。各人的观点不尽相同，于是人们会说：毕竟还是活了这么长，或者，很遗憾才这么短。我在这里先不考虑由此引发的伦理和心理问题（"身份定位"的问题）。异种移植能带来所谓的实用的一面，我能想象，这将在百年后继续成功地发展下去。当然，能用于人类器官移植的器官捐献者原则上只有相对极少数的（哺乳）动物（一些灵长类动物和猪）。一个基本问题是人体免疫系统对异种器官的包容并不容易，尤其是对猪的器官。但随着免疫生物学的不断进步，再结合其他领域生物医学研究的进步，成功的移植方法将被研发出来。

虽然我不相信百年后带有（异种）外来器官的人数会特别多，但我能想象的是，鉴于上述这些进步，动物作为人类的器官供体将变得更加普遍。甚至人们也有可能已经开始明确地出于这个目的去饲养动物了。

另一个发展虽在今天显得还很迟疑，但在未来则有可能加强。到目前为止，这个领域有一个广泛的（道德）共识，即对生命至关重要的（捐献）器官只允许从已死亡的（人类）患者身上提取。但是已经有这样的努力尝试，即力争将从快要死亡的活人身上提取捐献器官变得合法化，也就是说，让一个病人更快地死去是为了救治另一个病人。可以想象，这种做法将在未来得到推广，无关任何道德思考。迫切需要捐献器官的富裕病人会使另一个病人的死亡"提前降临"。人被当作备用品仓库，这个今天常被使用的隐喻，在未来很有可能得到更加具体的现实含义，而这是我们许多人都无法想象也不愿想象的。当今时代的非法器官交易仅提供了一种关于未来移植医学的（令人毛骨悚然的）预先尝试。最迟100年之后，它将在那些技术杰出且道德上无可指责的成就面前被毫不留情地遮蔽，变得黯然失色。

寿命延长

将寿命持续延长，死亡一直往后推迟，关于这个人类的古老梦想，这里可不能少了一句话。"在另一天死去"——这个詹姆斯·邦德电影的标题，向每一个喜欢它的人展示了这样的可能性，你可以不必"现在"就死去，而是推迟自己的生命终点。喜欢陷入沉思或在形而上学中寻找支撑的人，文学、哲学、神话和宗教都会给他们提供丰富的契机去期望——或者失望。亚里士多德认为，大多数人逃离了死亡，因为他们的灵魂"逃离了他们不认识的东西，那黑暗和不确定的东西，他们的天性驱使他们追逐光明和确定性"。光明和确定是生命，黑暗和不确定就是死亡。最好当然是回避死亡，或者把生命维持得足够长，无论活得怎样。

现代医学已经开始尽可能地从时间上延伸、延长生命。医学严肃地对待任何一个古老的梦想，并且也取得了相当的成功。100年前或者仅50年前，因急性心脏病或肾病，或者仅仅因为急性阑尾炎而死去的患者，今天则会被救活，而且通常还会活得很久。几十年前，没有生存机会的婴儿现在将为其能活得更长，甚至是很长而欢喜。不管怎样，起码在我们的维度中是如此的，即西方文明中。长生不死，人类当然是永远实现不了的，但我们可以设想，在未来越来越多的人将达到高龄，（超过）百岁的人口数量将显著提升。

当然，寿命延长也会意味着痛苦的延长，这是再平常不过的。靠人工手段维系生命的人，并不一定会赢得生活质量。通过现代医疗设备和药物的可用性从当今寿命延长的可能性推断未来，我们能确定如下几点："从整体来看，健康的恢复将变成一个乌托邦式的，同时也是极其昂贵的事情——现代医学通过技术的进步让越来越多的人实现了高龄，但也使他们依赖于消费昂贵的医疗产品和服务。这种发展的升级和潜在的上瘾性不应该被低估。"但这不只是关于经济方面的，在这种关系下，社会哲学和伦理问题将引发爆炸性的争议，人们必须重新思考我们文化中的医学地位。

"明天世界的医学不仅仅意味着治愈技术的终极完美、最佳药物的流动性市场、封闭式供应系统中的总体卫生服务，也意味着新的社会文化模式方案、人道的系统生活方式、根据医学标准的健康教育以及改善生活质量的伦理道德教育。"与这种伦理道德相对应的是"安乐死的伦理道德"。今天,特别是在德国和奥地利,安乐死还在很大范围内被视为禁忌,但随着社会人口老龄化的加剧,安乐死将变得更加重要。这样做的先决条件将是属我们社会的世俗化,告别如"生命的神圣"之类的原教旨主义思想。在一个被世俗人文主义思想塑造的世界,"按需杀戮"将成为日常医疗生活的一部分。

疾病的未来——未来的疾病

疾病,无论人们如何详细地定义这种现象,它都是一种人类的"原始体验",并且和生命(不仅是人类的生命)密不可分。100年前某些人还能相信,人类生活条件的改善不仅仅能使疾病衰败,而且还能实际上导致疾病的消失。但今天我们面临的是一个完全不同的图景。可以预见的是,疾病将永远存在,在未来仍然会有人或多或少受这样或那样的疾病之苦。人类的有机体像任何其他有机体一样容易受到疾病的侵袭,但个体之间对其耐受力还是有很大差别的。

心身疾病领域错综复杂的关系则更鲜为人知了。几十年来一直存在这样的假设,"心理过程对疾病形成和发病过程的影响是一个必须要严肃研究的问题,正如要认真研究化学、物理或细菌过程的影响一样"。但这样的影响人们还远不能真正领会。百年后,人们很可能会知道得更多。那些不仅从身体状况的角度,还从个人的生活状况、社交互动等方面去努力理解"完整的人",理解个体生命的有远见的医生总能发现,在诊断和(尤其是)治疗期间,个体的反应能力会起到突出的作用。(人类的)生命以及疾病,不能像三角形或正方形那样被精确定义。因此,世界卫生组织(WHO)今天仅仅依靠数据统计做出的关于疾病的起因和传播的论述,已经被证明是陈腐的。

未来的医学在此开辟了广阔的领域。为什么人们对同一疾病症状会有不同的反应?为什么相同的疾病在不同的患者中会有不一样的症状进程?为什么某种治疗方法对一个病人比对另一个病人有更好或更坏的疗效?为什么有时患者甚至能从无法治愈的致命疾病中康复过来,违背了任何基于医学的期望?百年后,这样的问题都很可能得到解答。人们必须告别从一维视角来看疾病——一种原因,一种疾病,一种治疗——这样的视角改变已经初步发生了。当这种情况发生时,医学的思维模式和医生对患者的"观点态度"也将大大改变。

无论怎样,疾病都有未来。在疾病的历史中,人类总是一再受到瘟疫的折磨和摧残。许多瘟疫都已被成功征服。但能广泛传播的流行病还会如往常一样反复出现。平均每天约有3000人死于疟疾。这个例子也显示了疾病的地理分布不均。但谁能保证,疟疾这样的疾病不会向全球传播呢?人类文明迅速变化的环境条件也总会带来新的疾病,未来仍将如此。因为人类永远不可能在完全无菌的环境中生活,因此传染病会始终伴随着我们。

未来的疾病将主要是文明病。这个术语尽管今天被广泛使用，但其定义并不严格。比如人们也可以把与年龄有关的疾病纳入其中，如关节疾病、牙齿脱落等这些人们在早期不知道或几乎没有发生过的疾病，因为人还没有达到那个能显现这些疾病的年龄。这句话说到了点子上：30岁去世的人，死得健康……预期寿命的提高反而会导致与年龄有关的疾病增加，这一点未来的医学将加大钻研力度。研究的成功将允许带着病痛的寿命延长，重病患者能够幸存下来，随着越来越高的年龄，他们将花费大量的药物支出继续拖拽着他们衰残的身体，从不会有真正的疾患减轻或者恢复安康。

但是，文明病绝不仅是与年龄有关的疾病。当今尤为重要的是心理疾病——或者更普遍的是由于复杂心理情结引发的心身疾病——这种疾病上升的疯狂速度多亏了当今分崩离析的社会文明。抑郁症、职业倦怠综合征及其他现象虽然不是现在的"发明"，但它们如今以可怕的速率频繁出现，并在西方文明国家像传染病一样广为流传。单独的个人使自己遭受极重的负担，面临着无情压迫自己的特定工作世界的经济恐怖。这些由文化引起的疾病现象给未来的医学造成了巨大的挑战。为了成功地对抗它们，医学必须作为彻底的文明批判者登场，而这一点医学不可能做到。作为"治疗的艺术"，医学需要从其他科学中——人类学、心理学、文化和社会科学——挖掘它们的诊断潜力，单纯与症状做斗争（像往常一样）总会被证明为远远不够。

今天另一种正在上升且在未来将继续流行蔓延的现象，可称为"反安慰剂效应"。单纯依靠思想的力量，健康的人也能生病。

这些从根本上说不是新的知识，但我们的信息社会凭借其过多的任何可能的（部分是荒谬的）健康提示将这种效应一再地加强，以至于引发疾病或者至少让人们自己产生一种得病的感觉。医学只能与其他众多"帮手"（文化学者、哲学家、媒体评论人）一起来预防这种效应，向广大群众澄清大众媒体上医学报道的胡作非为。像现在这样下去，在不久的将来几乎没有希望成功应对这件事。因此令人担心的是，未来人为激发出来的疾病还会增加。

可能与期望之间

医学尽管在近几十年取得了巨大进步，但从根本上消除疾病还是无法做到的。正如已经说过的那样，这在未来也不可能实现。但医学（以往的）进步足以唤醒人们对一切皆有可能的想象。心脏和肾脏移植、腿部和手臂假肢、心脏骤停后的复苏（甚至是老而又老的患者）、抗生素成功治疗高危疾病——是的，所有这些以及比这些更厉害的在今天看来都是不言而喻的。因此，很多人都对未来的医学抱有极高的期望——但这些期望往往被夸大了。

人们一定还记得EHEC，它登上了2011年5月的新闻头条，这是一种由细菌引起的肠道疾病，确切地说是腹泻疾病。这件事引发的骚动很大。当人面临充满危险的新情况时，骚动总是很大。但面对EHEC，很多人（包括政治家）近乎恐慌的反应，如果没有大众媒体的导演是完全不可理解的。现代人是被医药宠坏了。人们总是期待对于任何一种身体不适——甚至在流行病的威胁之下——都能立即获得一种有效的治疗方案。冷静地看一下，EHEC 被证明是无害的，但它之所以引发了如此多的动荡，是因为没有立即出现一种应对治疗方法。在未来人们也会遇到没有立即有效对症药物的新疾病，治疗方案只能靠长期摸索或研究。

展望

我在这里只强调了对未来医学至关重要的几个方面。由于篇幅的原因，很多内容必须省略。正如开头提到的，医学的未来与社会的整体发展紧密相关。任何一次进步都会提高人们对医学的期待。但医学不会向所有需要它的人全面开放。二级或三级医疗将在百年后成为理所当然。今天我们已经能够觉察到的趋势，在未来很有可能会戏剧般愈演愈烈。首先，医疗水平好和差的国家间差距将更加明显。应对某些致命疾病如癌症或艾滋病的成功疗法将在百年后成为规范，但并非全部罹患这些危险疾病的人都能从中获益。

正如司法体系中存在义务捍卫者一样，对许多病人来说也只是存在"义务医生"罢了，只要医疗体系没有从根本上私有化。在我们这种维度的西方文明国家，健康与疾病的反差还是相当大的。未来 100 年的医学将取得许多突破性进展，并因此改善诊断和治疗的水平，拓展人们对待健康和疾病的思维眼界——但同样，许多（生病的）人只能利用上很少一部分。

弗兰茨·M.乌克提茨（Franz M. Wuketits），生于1955年，博士，教授，阿尔滕贝格（下奥地利州）康拉德·洛伦茨进化与认知研究所董事会成员，在维也纳大学教授以生物科学为重点的科学理论，他也是著作颇丰的作家，著有38本书。

施黛拉·罗琳（Stella Rollig）

2112

百年后的艺术

一个接一个的消息,没有停息。这在这个时间点是正常的,亚洲现在是快要下班的时间了。各种该处理的工作讯息跳出来:销售情况如何、是否确认选择某某的新作品,请立即给出上周的销售额。

我看着书桌旁边墙上的显示屏那连续跳出的文字。我把声音关掉了。每条消息进入的声音都让人烦,我也不喜欢进行实时的直接沟通。我宁愿回答得尽可能简练,然后让交流机进行书面转达,这样更高效。

同事们的办公室一直弥漫着嗡嗡声,有时窜出急迫响亮的音调和铃声,那一定是某个同事、生意伙伴、客户,接到了一个紧急的消息、问题或者要求。而我更喜欢书面的形式,最喜欢让交流机听写下我口述的内容。虽然我们上学时都学过写作,但自从语音转换器成功问世以来,大多数人都忘记怎么使用键盘了,这对我来说也很难,手写就更别提了。

我看着窗外,不高兴,因为加班过度。天色灰蒙蒙的,光线微弱,这是今年的最后几周了。今年是2112年。还有几天就要跨年了。2113年即将到来,希望是一个好年头。2112年过得还算可以，我们卖出了本届展览的作品，价格的平均值、买家的统计数据、收藏品和地点的评估等都合格。如果没有接这个任务的话，我本可以休几天假，出去玩个三四天，放松一下，但我现在得给出版商交一篇稿子，以专家的身份阐述一下当代的各种现象，如政治、科技、经济。"当下时代的艺术"是我的主题，以过去一个世纪的变化为背景。对此我必须回想起，哪些艺术在2012年是至关重要的，在哪里诞生了哪些艺术作品，以及艺术扮演了何种角色。这对我来说并不遥远，尽管我的行业与之相比有很多不同。2012年，一个艰难的年份，正面临着巨大的政治和经济动荡。

我念书时，学过关于21世纪早期的课程，但就艺术作品本身，我们学得较少。我知道，曾经还存在过"艺术史"这样的大学专业，后来演变成了"艺术经济"专业的入门课程。相比艺术类型、流派、技法，我对当今艺术产业的历史发展更了解。自从不再有艺术风格这回事儿之后，这种分门别类就显得格外陈腐。有些或者说少数的艺术家还在钻研艺术史，他们想要认识并理解过去的艺术。大多数艺术家则荒废了这门本事。因为订货商、买主和公众也不懂艺术史，如果没有接受过专业培训，没有像古老的博物馆那样的教育机构，他们也不可能懂，所以每件艺术作品在艺术交易市场上只能根据个人的价值眼光去评判。艺术批评曾是一门要求颇高的学科，审视个人作品及展览并发现其中的艺术价值，每一条评价都要加以论证……我几乎再也想不起来别的了。我读过相关历史文献，此外就想象不出这是怎么回事了。当然，百年前受过高等教育的人也并非多么清正廉洁。当时已经开始有收好处费的新闻报道工作,但起初人们还将此伪装成编辑工作。人们会对此感到格外兴奋吗?我不知道。如今我们靠分析曲线活着,每天都能追踪这些艺术家名字的价值波动。

对我来说最陌生的是国家对艺术的支持,这在百年前的欧洲广为流行。艺术家们曾获得奖学金,博物馆还由国家管理,社区还举办各种展览和节庆。随着2050年之后的巨大变革,欧洲中央政府将基础设施、教育培训、健康和跨文化融合都定义为联盟的共同任务。造型艺术以及戏剧、歌剧、电影,都被私有化了。于是乎,传统、公共的艺术机构就毫无意义了。它们先是被私人艺术收藏机构置于暗沉中,而私人收藏机构后来又被艺术品经销商击败。自打上世纪中叶国家间接连放开了艺术品销售市场之后,博物馆中就没有太多有趣的东西了。最著名的作品都落入了巨头和托拉斯之手。

有时,当人们谈论我的工作时,我会告诉我的女儿,百年前我这种人啊,只要有一点钱就会去博物馆,去看《蒙娜丽莎》和格哈特·里希特的真迹,而这也就为了挣那么点钱,也就是能买束花,或者简单地吃顿小餐的钱,或者……更多的比方我可想不出来了。毕竟我不是历史学家,而是艺术经纪人。

顺便说一句,我的委托人可从格哈特·里希特那里赚了一大笔。看原作是不可能的。简直太贵了。但令人惊讶的是,仍有一大批人能付得起这样的观摩费。通常,他的作品会作为结婚礼物或者生意成功的奖励,总之就是那些让人必须破点费的场合。我们的日常收益来源于我们有出售数字复制品的许可,用于暂时性的作品欣赏。

今天，基本上存在着两个彼此独立的艺术市场。我的领域是贸易。对此我只能说：只有非常少的人才有机会接触艺术作品，但也没有涉足我的领域。在正常的社交生活中，我有必要解释一下我的工作。

我们做什么？每天早上以赶集的速度搜寻虚拟市场席位。艺术家们在那里展出作品，我们艺术经纪人则要获得授权。一个好的艺术经纪人能辨识出最好的席位，并有一双慧眼能洞察一幅画作的市场潜力。为了凭借授权获取丰厚利润，你必须了解市场，并能够做出预测：明天非洲的画作会大受推崇吗？古欧洲的几何版画呢？因为几乎无人再拥有原作并展出这些作品，所以转手费都很高。我们有些客户要求每天都往他们房间的显示屏上发送最新的艺术作品，这主要是企业客户。个人客户可不会这么快就看腻一幅作品的。当然，这也是个声望问题，是个预算问题。

图画统领着艺术市场。绘画当然了，还有各种数字图像制品。摄影已在艺术市场消失几十年了，因其无法维持自己与无所不在的媒体照片的区别。

似乎很难解释究竟什么销路好，但我就是能够看出来。每天早上当我纵览市场席位时，我立马就能知道：这个行，那个不行。纯粹的直觉，还有经验。我虽然是个欧洲人，但大部分时间是在亚洲度过的，因此我知道最好的客户的品位。只要看一眼，我就能弄到授权。同时快速决定：买入原作还是获得复制许可。如果买入原作，只有当人们愿意花高价来看一眼的时候，才能赚钱，正如之前说过的。

  我收集稳妥的作品用来参加不同客户领域的虚拟展览。早前还存在过画廊，但这已经过去很久了。经营画廊一定开销巨大：场地、员工、差旅、运输……固定成本高，但这也确实兴盛了近200年之久呢。曾经也有更多的艺术表现形式，不仅是绘画，还有雕塑、装置艺术、影视艺术、概念艺术。100年前，2012年左右，看起来仿佛未来置身于艺术媒体的非凡多样性中。错。随着原作的贬值、复制品市场及数字化显示屏的兴起，二维图画毫无争议地取胜了。我的猜测是，其他一切都变得太复杂了。有谁能不加注释就能理解一幅概念艺术的作品呢？而对于作品的解释，社会不知从何时起已经没有时间也没有钱来应对了。

  那么，另一个，也就是第二艺术市场呢？我和这个几乎没有什么关系。那是一个委托交易市场，在这里艺术家们为企业服务。我是从我的基础课程"艺术史"上知道的，而这对于其他人来说几乎都不为人所知了。这种艺术已经有200年的传统了，它的起源可以追溯到第一个苏维埃共和国。"作为社会干预的艺术"，我的考试试卷曾如此命名这一运动。从前的改革运动变成了一项服务，艺术家们在企业中负责一切可能的事务：从空间规划到变革管理，再到营养问题或沟通模式。顺便提一句，针对这项艺术服务的培训产业正蓬勃发展（他们在这里根本不学前辈们的事情，这与我的大学专业"艺术经济"可不同）。

  还有一点值得注意的是，当我开始查阅过去这一世纪时，我发现那时大型博物馆、展览和价值评估表上的艺术家绝大多数都是男性。真是奇怪。在我的展览、许可贸易及艺术服务部门几乎没有男性。我们公司前10名最成功、收益率最大的艺术家,有7位是女性,并且前5名全是女性。2112年的艺术可谓是女性的天下,其中欧美女性占少数。很长一段时间看是中国女性稳操胜券,但我感觉,那些来自亚洲小国的女艺术家们将会更受欢迎。日本女艺术家凭借其无法被模仿的"成长绘画"的方法发出强烈的信号。非洲也总会带来惊喜的成功。

所有这些我现在只需口述一遍,便完成交稿。此时,屏幕旁不断跳出的消息编号数字,显示着今天的第146条。马上快中午了,我必须赶在今天完成这些书籍之前,尽快回复香港的合作伙伴,这篇稿子将在我工作日结束之时发表。

施黛拉·罗琳(Stella Rollig),林茨LENTOS艺术博物馆和NORDICO市博物馆馆长,林茨LENTOS艺术博物馆艺术总监。20世纪80年代以来一直担任作家、艺术评论家和策展人,1994—1996年任奥地利联邦造型艺术策展人,举办过众多展览,发表著作并从事教学工作。她在林茨和维也纳生活。

海纳·蒙海姆（Heiner Monheim）

2112

百年后的交通

以下文章分为两部分：第一部分分析了当前的行动需求和德国交通政策的当前行动条件，并解释了为什么它迄今为止对创新的抵抗力如此之大。第二部分实现了时间进入2112年的飞跃，并描述了一个新的优先权和法律来运作的全新的交通世界，并提供新的品质和机会。

本文很大程度上受到一个名为《没有汽车的交通》的"时间跨越"节目的启发，电视记者弗朗茨·阿尔特（Franz Alt）于1994年在我的参与下制作的该节目。它在当时引发了一场有争议的讨论，并多次重播。在这次飞跃中，以汽车为主的交通世界分几个阶段转变为未来性的、可持续的交通世界，并配有相关讨论内容和模拟电影内容。

第一部分：交通中的系统效率

现实的交通、环境、经济和技术政策所面临的巨大挑战是效率问题。

一、能源、空间和气候效率

例如气候政策便涉及能源利用效率。现代能源技术大幅提高了能源利用效率。而交通也面临着类似问题，但汽车是特别的机器：人们在购买和使用时缺少理性思考，不像人们在购买暖气、建造发电站、选择绝热墙或者隔热窗时那样。2012年德国有4200万辆汽车，全球大约有6亿辆。就汽车的能源利用效率而言，这不仅仅关乎个别汽车发动机独特的技术特性，更是涉及所有车辆的系统特点。当越来越多大型而又"饥渴"的跑车、豪车和越野车行驶在道路上时，少量新型节能小车所起的作用是很有限的。

此外，汽车交通的系统效率不仅取决于发动机质量，而且由其使用方式所决定：驾驶频率、距离、总里程以及驾驶风格。是始终以油门到底的方式启动，并以全刹的方式停车，还是以缓慢、平稳的方式？除此之外，堵车频繁吗？这就反映出空间效率这一交通核心问题：汽车在很大程度上是一台空间挥霍机，它需要太多交通空间来行使和停车。它的空间效率很低。太多汽车会阻挡彼此的去路。人们之后可以再建造同样数目的街道和停车场，运营同样多的交通管理系统，但当大量汽车争夺交通空间时，后果永远是停车、启动以及堵车。

低效率的高成本

低效交通成本极高。它使交通参与者消耗很大，因为他们在堵车过程中浪费了大量时间、汽油和精力。它也给环境带来很大负担，因为低效意味着最大程度的燃油消耗和有害物质排放。低效使各乡镇付出了很高的成本，因为低效一再使他们把捉襟见肘的财政浪费在对道路和停车场的投资上，并且并未借此解决问题。低效不仅带来很高的成本，同时也造成了很大的损失，它损害了移动性和城市质量，摧毁了生活质量，使城市越来越低能，降低了公共空间的价值，迫使人们迁居，越来越多的人尝试通过移居卫星城来逃避这些问题。

"绿色目标"作为典型案例

2006年足球世界杯，德国首次就新的球场交通策略进行了深入思考，并且以"绿色目标"为主旨。人们熟悉的问题总是出现在每周六德甲联赛之后。球场本身仅允许行人进入，几分钟之后就可以被清空。与此相反，周边的大型停车场和街道却在比赛前后长时间处于堵塞和混乱之中，因为人们无法同时"对付"这么多汽车。一些足球场巧妙地解决了这一问题，例如弗莱堡的德雷萨姆球场和柏林的奥林匹克球场。在弗莱堡，1万名观众中的大部分是骑自行车或乘坐有轨电车前往球场的，只有极少数人开车。在柏林，大多数人乘坐地铁、市铁和公交车前往球场，因此也就不存在堵车问题。只有当人们根据空间效率来搭配交通工具时，交通才能更为有效。汽车交通的空间效率最低，因为它需要太多空间。多车道高速公路和像洛杉矶巨大的"意大利面结"一样，纵横交错的交通只会导致持续堵车，并会毁掉城市质量。只有当汽车交通不再稳坐"第一把交椅"时，交通的系统效率才能实现。

二、做出有意义的交通决策

交通由数以百万计的单个决定组成：出行的时间、目的地、起点、方式、工具……交通设施条件同样源自专业人士的数百万个决策：地方、区域和跨区域交通系统的设置、步道、自行车道的质量、公交车和轨道交通工具的质量、小到小区街道，大到高速公路等不同等级道路网络的质量、各地停车场的数量与质量等。

区域差异体现活动空间

交通条件和问题体现了惊人的地区差异。有些乡镇的步行交通比例为10%，有些地区占比达到40%。自行车的比例在有些乡镇为3%，有些地区则为30%。有些乡镇的公共交通比例只有3%，有些则为35%。有些乡镇的汽车交通比例为35%，有些地区则达到75%。这首先证明，持续堵车并非不可避免的现象，在乡镇层面明显存在可观的活动空间。它们一般可以通过较低的机动车比例减少堵车问题，进而高效地组织交通；或者它们以较高的机动车比例增加堵车问题，从而使交通低效。国家层面同样在交通效率方面存在巨大差异。一些国家，如瑞士，实现了公共交通比例的最大化，公共交通效率很高。有些国家，如荷兰和丹麦，拥有最大比例和高效的自行车交通。一些国家，如意大利，则拥有高比例的步行交通。然而，大部分国家像德国一样拥有最大比例的机动车交通。这些差异并非凭空产生的，而是交通政策的"累积效应"。各个地方、区域以及国家的政策决定了交通效率。

三、改变边界条件

交通法规可以更有利于汽车，或者更有利于自行车。它可以为行人或骑自行车的人提供较多或较少的自由。它可以为超速者设定或高或低的罚款，给汽车定下或严格或宽松的速度限制。而给予交通的财政拨款更是控制着投资的优先权。在德国，旨在繁荣道路的需求和扩建计划享有较高的优先权，例如联邦交通道路规划。规划中数以千计的长距离道路项目被作为礼物分配给各个地区。各州的道路需求和扩建计划同样如此。与此相反，轨道交通的扩建成效很低，项目很少，并且多是点式大型项目，无法产生显著的系统效应，如"斯图加特21"项目。

交通的财政条件也包括，是否存在收费站系统，尤其是乡镇级别的收费站系统。例如挪威就凭借这一系统解决了很多地方上的汽车交通问题。或者像德国一样将乡镇收费站系统视为"汽车的死敌"，交通部长信誓旦旦地表示绝不引入这一系统。而伦敦则凭借这一系统优雅地解决了城市的堵车问题。

然而，也有一些国家，如瑞士，启动了像"公交和轨道交通2000"这样以公共交通为导向的投资项目。全面覆盖的跨区域网络以半小时的发车频率将瑞士的大、中、小城市连接起来，并且使瑞士在轨道交通发车频率上成为世界冠军。公共交通的系统质量通过许多富有吸引力的乡村和城镇公交以及电车体系得以补充。相反，德国铁路于1990年代末取消了跨区域网络，尽管该网络的年运量为6800万人次，并且是远程铁路最受欢迎也是最为成功的下属系统。

德国专注于将铁路投资放在大型高速交通上，没有任何盈利的可能。这些投资数十亿的项目是没有任何空间效用和广泛系统作用的"法老坟墓"。

这就涉及建设与规划权的边界问题。它决定了一种交通方式在建设和居住规划时所获得的机会。在德国，它决定了所有业主必须在财政上对道路开发和停车空间给予较大投入，而无须为公共交通花费分毫。在法国，它决定了在对公共交通的资助上，雇主也被纳入进来。在德国，它决定了一块工业用地即便没有相连接的轨道交通也能获批。而瑞士则硬性规定必须要有相连接的轨道交通，州政府甚至会为此给予补贴。

这还涉及税法的边界问题。它完全决定了哪种交通工具在税收上被优先对待或被降级。当人们享有汽车购买和使用的补贴时，就无须奇怪会出现堵车的现象。

这也涉及财政平衡的边界问题。它决定了偏爱汽车的乡镇会在财政上获得奖励，因为财政拨款以汽车道路网的长度和允许行驶的汽车数量为依据。与此同时，那些在财政监管过程中主动投身于公共交通并因此负债的乡镇会受到行政专区主席的斥责。同样的行政专区主席不会对建设新的乡镇停车场或者道路提出异议，尽管这会增加乡镇财政赤字。人们乐于预先关注汽车交通，并把它当作一种责任来对待。

这就清楚地揭示交通上存在的关键问题和机制。因此，对于中、长期未来而言，核心问题在于这些边界问题能够有所改变。交通方面形成的机制过于牢固，在短期内是不可能改变的。大多数相关人士反对革新。在其他话题领域打破看起来已经固化的发展趋势明显要容易一些。能源领域的发展便令人赞赏。由福岛核电事故所引发的由化石和原子体系到可再生体系的能源转型开始拉开帷幕。今天，《可再生能源法》《热能保护条例》和《能源经济法》便是气候政策的注脚。相反，一部消除矛盾、荒唐和混乱的"交通效率法"依然遥遥无期。大部分的交通成本和后续成本始终都被掩盖和隐瞒：交通领域的成本真相是一个"陌生词汇"。预算法允许联邦、各州以及乡镇巧妙地隐藏汽车交通上的赤字，而公共交通上的所谓赤字则每年都会被问责，目的是为了不断摆脱这一不讨喜工作所带来的负担。在德国，行人交通和自行车交通在财政和基础设施上所受到的关注少得可笑。

在这种条件下使交通更为高效，解决明显的汽车交通问题，从而使交通为气候政策做出迫切需要的贡献十分重要。这样的任务会马上让人想到希腊神话中的大力神赫克里斯、西绪弗斯和拉奥孔各自的任务。他们在完成这些任务时劳累不堪。相反，德国交通部长走马灯般更换。他们并非专业人士，并且缺乏魄力，是现有体系的维护者。颁布禁令是他们主要的施政手段。创新于他们而言百无一用，至少是在汽车交通方面。在德国交通政策领域，进步如同"蜗牛"。

第二部分：时间跃进至 2112 年

一、百年后的情景是大胆的，但却是必要的

关于遥远未来情景的设想是大胆的。太多的界限条件可能会发生改变。并非所有目前可感知的趋势都将继续。可能会有新的发明；价值的变化可以改变消费和交通行为；人口的变化正在改变人口结构；结构转变正在改变经济；开发新的商业模式，新产品和新工艺正在取得进展；新的定位结构越来越重要。很难预测一般政策，特别是运输和定居政策何时以及如何应对气候变化和能源短缺。人们可以期待没有汽车的更好的运输未来，如上文所述的"时间跃进"会给健康、环境、安全和生活质量带来强劲改善。人们可以把没有汽车的世界评价为一个恐怖情景，可以用石器时代和驿马时代来比喻。

二、根据"缩小规模"的逻辑，能源问题进入后化石阶段

2112 年，能源危机结束了。能源价格的快速上涨使得化石能源成为核心的瓶颈和通胀因素。最后，节能也成为运输的基本假设。"缩小规模"，背离几十年来"更高、更快、更远"的主旨到新的主旨"更有效、更小、更适应、更容忍和更接近"，交通部门完全改变了。这适用于汽车交通以及空中交通、水上交通和铁路。到处都在宣布"解除武装"。

快餐已被证明是即将终结的食物。慢食成为一个强大的反向运动，并使麦当劳、汉堡王等在经济上下滑。价值观发生了巨大变化。对真实、丰富、美好生活的渴望，对生活品质的渴望已经占上风。意识到速度的破坏性力量，它在协和式超音速飞机和失落的城市公路以及 ICE 和 TGV 的愚蠢的高速铁路线上发现其象征性高潮，已经占领了整个运输部门。人们不再建造高速列车和高速公路。相反，配有独特风格的餐车和卧铺的老式传统列车服务重新得到扩建。

主要机场已经停止建设新的跑道。他们在减少空中交通量的同时减少了他们的运输能力。他们的跑道已缩短并减少，区域机场被关闭，德国境内和欧洲内部的航班幸免于难。面对燃料价格上涨，廉价航空的商业模式陷入危机。火车再次开始受人青睐且更便宜，铁路网络变得更密。化石"快速飞行"受到明显更高效的"太阳能飞行"冲击，配有大型水翼和太阳能飞艇。这种新的飞行方式以 200 公里/小时的舒适速度连接各个大陆。客运和货运的空中运输量由于"真实"且大幅上涨的飞行价格而急剧下降。

三、地面轨道和地面公共汽车占据优势

在 2112 年的后化石世界，公共交通在人们移动出行中发挥了核心作用。空中交通、汽车交通和载重汽车失去了其重要性。

IR 和 IC 构成了紧密的德国交通网络

所有主要中心和中等中心都被整合到 IR 网络中，IR 每半小时

一班。 此外，区域中心之间的所有连接都有 IC 连接，也是每半小时一班。在许多路段，长途铁路运输增加到每 15 分钟一班。 这为所有中长途旅行提供了无与伦比的旅行质量。 在这里，铁路线再次与环境结合规划，没有昂贵的隧道和桥梁艺术结构。 高噪音隔音技术阻挡了来自车外的声音，带有噪音吸收器的低音轨道在轨道和车辆上随处可见，每条轨道都配有一个膝盖高的噪音吸收器。

分散的货运列车"减轻了"德国的负担

铁路货运已经改革了很长一段时间，已成为货运的主要业务。在所有道路上早已引入的卡车收费也大大改变了公路货运量。 道路网络持续地"松了一口气"。 最后几英里的少量货物是用卡车运输的。而且坚持使用电力牵引。可以使用铁路和公路的混合动力汽车成为标准配置。几乎所有货运代理都参与了铁路货运。

20 世纪 90 年代广泛使用的铁路客运轻轨车与货运凌特（Cargo-Sprinter）一起获得了双倍的货运，为所有网络提供自动离合器、现代物流和连续电力牵引。同样，新电池和感应充电技术已全面实施。铁路因其在车辆和铁轨上的高效噪声值而多次获得技术和创新奖。 区域列车和快速公交铁路都获得了强大的铁路货运分工。E-Cargo Sprinter 已成为货运中的主要铁路车辆。

综合巴士服务涵盖了各地的客运和货物运输。甚至在巴士的公路公共交通中，根据斯堪的纳维亚模型，到处都实行综合巴士。综合巴士开始与贸易业合作。 根据代理原则，几乎所有国家都成为网关和包裹递送和发布办事处。 因此，在全国各地都有一个分散的、小规模的一般货物交付点和分散的货运中心系统。巴士网络的每一个连接点同时被扩展为一个小的货运中心。6万个这样的货运中心构成了最小化距离的货运物流。

城铁和区域列车的繁荣

城市里创建了 250 个新的城铁系统。以此为目的，多数要建设第三和第四轨道。城铁区域的车站数量成倍增加。较小的城市和中等城市也有自己的城铁系统，分别与该地区的中心区域相连。在多中心区域，已经形成了许多新的切向和环形轨道连接。

与此同时，许多废弃的铁路线在农村地区重新启用。由于"电力交通"的大型研究和投资项目，在其框架下电池和馈电技术以及制动能量回收得到优化，旧的柴油牵引力被长期推迟，铁路运输完全电力化。电力交通网现在可以通行了。欧洲已经获得了统一的牵引电流系统，并且整个欧洲的铁路物流都已标准化。在原来的国家边界，所有欧洲区域都建立了新的欧洲集团网络，以应对跨境交通。

电车的文艺复兴

除此之外还有全球电车的复兴。昂贵的轻轨和地铁项目很快就被抛弃了。新的电车也有足够的道路空间。它们的路线根据法国模型城市设计与绿色电车大道进行了最佳整合。架空线已通过感应充电技术变得可有可无。许多小城市以及几乎所有的中等城市都有自己的电车系统，车辆的使用非常频繁，就像公共汽车一样，从大型电车到标准电车到中型和迷你电车,凭借其现代化的驱动技术,有轨电车几乎能够作为城市铁路运行,并补充通勤列车。

城市缆车的繁荣

作为一种新元素,根据南美模式,城市中越来越多地出现城市缆车。缆车能够在短时间内以低成本缩小铁路网络的间隙,延长路线并将欠发达的建筑区域连接到最近的火车站。缆车也已成为所有活动场所的标准配置,如展览会、花园展览、休闲中心、运动场和购物中心。现代索道技术确保了高容量和灵活的中间停靠路线。甚至可以通过轨道引导转弯。

多样的公共汽车系统

在公共汽车区域,电动公交车占了上风,就像有轨公交一样,不过它们没有电缆。在农村地区,有数万个村庄和地方公交系统在运营。它们在夜里和周末被呼叫公交系统部分取代。在大城市里,除基本网络外,还建立了数以万计的地区公交网络,以确保各地客户的高满意度。

公共交通自行车协作

根据荷兰的例子,配置有看管的自行车停放处、便利的自行车租赁和附加的自行车服务(维修、配件)的自行车站成为所有中型和大型火车站的标准设备。德国现在有超过4000个自行车站,也从事其他旅行服务。大型自行车站的容量在数千辆范围内。

此外，几乎所有车展都配备了租赁自行车站，第一英里和最后一英里都有。德国有数百万辆租赁自行车，包括钥匙和钥匙卡、服务号码和统一费用，这些都被整合到德国订购中。许多公司还为员工和访客提供租赁自行车服务。

德国时间表（Deutschlandtakt）、德国订阅（Deutschlandabo）和公民票（Bürgerticket）

德国的所有公共交通都是根据瑞士在20世纪90年代制定的综合时间表的逻辑设计的。这涉及长途交通和区域交通。时钟节点被系统地扩展。相比之下，距离、投资都经过定线测量，因为足够在合适的时间内到达下一站点。在此基础上的加速被证明是没有意义的。只有短途交通中一直密集的时间表，才需要这样的系统。

以学期票为例，全德国引入了附加费融资的公民票，作为针对所有人的解决方案。这种适用所有人的BahnCard 100对移动行为产生了持久的影响。公共交通始终是首选。额外付费只是特别的额外服务，如卧铺、餐车。此外，还有一个欧洲版本的公民票，付很少的附加费就可以轻松地在整个欧洲旅行。

除了公民票的收入之外，对新建筑和公共交通基础设施扩建的巨额投资还得益于所有基于法国模式的交通税，这项税费根据工资总额计算。然而，另一方面，汽车交通基础设施的长期巨额成本大幅缩减。投资仅限于城市和景观兼容的街道和停车场重建。那些不需要转换为铁路线的高速公路被拆除。大部分停车场被用作建筑用地。此外，许多停车场被用来建造带有密集绿化的公园，这大大提高了郊区建筑区域的质量。

出租车，AST，呼叫巴士，共享汽车，Car2Go

这些近乎完美的公共交通服务得到了大幅扩展并且补充了降价的出租车服务，通过 AST 和呼叫巴士以及一般资费整合成为公共交通的相关标准元素。在出租车领域接受公民票，前提是额外购买出租车附加项。

此外，在德国各地建立了基于瑞士交通模式的分散式共享汽车和 Car2Go 服务。早期的汽车公司在这里开发了他们的新业务领域。然而，私人汽车的销售在全球范围内已经崩溃。仅用于销售"高效汽车"的产品。那些曾经的汽车公司主要在公共汽车、有轨电车和火车领域为公共交通市场生产。

四、自行车交通的文艺复兴

自行车交通就像它的车轮渐渐地转出了时代的轨道。城市规划和交通规划开始意识到自行车的特殊效率。在交通领域的设计以及建筑和安置政策方面，自行车交通成为一个基准。促进短途交通在政治上具有重要地位。从理论上讲，人们早就知道骑自行车的好处是什么：空间、质量、无须电池、无须绕路、无须长时间等待和具有安全性。所有公共机构都采用了"零版本"战略，以实现持续的事故预防。血管、心脏和循环系统疾病的人数在日常生活中迅速下降，肥胖也不再是全民疾病，通过日常和闲暇时间里骑自行车的方式，人们终于回归了"运动"。自行车交通也重新占领了大都市和山区。约十分之一的自行车是智能电动车（带有"内置顺风"）。每日骑车的平均距离翻了两番。经济界已经重新发现了自行车作为交通工具的优势。每个工艺和贸易企业都使用现代装载自行车进行小规模货物运输。私人家庭以自行车为主要购物手段。工厂和官方自行车成了理所当然的事。在工厂里，入口处配有高质量的有盖自行车架。淋浴和衣柜储物柜成为每个企业的正常设备。

几乎所有车站都配有自行车站以及先进的自行车装置。城市和乡村的所有车站都有分散的自行车租赁公共系统，有标准统一的适用规则和资费标准。自行车的使用属于公共交通订阅。所有居民区的街角都设有高品质的自行车位。通过内置的信号发送器可以解决自行车偷盗问题，也就是可以随时通过 GPS 装置定位每一辆自行车。自行车还设有导航功能，能够支持简易的导航和路线规划。

五、完美化的步行出行

最有效、最健康、最自然并且最耐用的出行方式就是步行，一个世纪来它一直处于边缘和剩余位置，现在又经历了巨大的复兴。整个速度水平在当地被降低到最高 30 公里/小时。所有机动车辆的速度从外部以电子方式来调节。因此，行人享有高度的安全和行动自由。由于地方大规模机动化的融合，停车已经基本消失。这给了系统绿化一个机会。人们重新种植了约 1.2 亿棵树。小巷成为常态。较大的街道有多条小巷。通过树木循环，机动化之前的线路再次被整修。通过城市绿化，城市气候日益改善，步行城成为常态。贸易对此反应很快。分散供应成为主导的商业模式。综合情况下的小规模个人服务贸易取代了大规模贸易。廉价的奶酪盒架构已被证明过于耗能并且不够吸引人。高停车税和地面封存税已越来越阻碍投资者进行此类项目。这种设计被证明是无利可图的。

步行道路和广场空间使公共空间吸引着行人。由于降低了行驶速度的"共享空间"成为内部道路的主要运营模式，行人开始享有新的行动自由和环境质量。步行成为最安全的交通方式。

六、结论：区域化、去中心化和短途交通是现代生活和经济的支柱

由于运输价格的快速上涨和速度的降低，全球化时代在本世纪中叶结束。具有成本效益和高效率的短途交通成为重组的基础。私人和公共经济的远程集中化已经逆转。出现了一种新的协同效应和经济效应。地方和区域劳动力市场主导了这些事件。供应关系已在当地和区域范围内进行了优化。新的循环经济法和运输税法发出了明确的信号。运输价格开始逐步定价和征税。在所有运输系统中建立了优化的性能、良好耐受和安全的速度。

结果，汽车作为街道和城镇景观中的主要交通元素消失了。公共空间开始复兴。超大的交通车道已被拆除，主要是为了重新压缩。在许多多车道道路和停车场上，小规模的城市需求得到了满足。巨大的零售业从城市景观中消失，其廉价的建筑被拆除。

公园地块是重要的、紧凑的城市发展区域。当地居民的城市扩张已经结束，人们在城市边界建立了一个个新的、高质量的、小规模的但紧凑的建筑。

技术 – 物流创新并没有改变2112年的交通，而一贯的价值观和系统性变革、文化革命，给了以速度、竞争、地位、效力抗议以及鲁莽的交通体系一个新的方向。新标准包括表面、成本、材料和能源效率以及最佳的结构和景观兼容性。可持续的流动文化占了上风。移动服务已成为最重要的工作场所生成器之一。长期以来阻碍了交通广泛发展的创新障碍得以克服。交通堵塞问题找到了永久性的解决方法。线性思维的思维方式已经结束，系统性和协同性思维被广泛接受。

海纳·蒙海姆（Heiner Monheim）博士是特里尔大学空间发展与规划教授，也是特里尔空间发展与传播研究所的共同所有人。45年来，他在交通政策、公共交通和自行车推广、交通减噪、城市规划和交通运输领域发表文章，出版著作。他是VCD、ADFC和SRL"人与交通"论坛的共同创始人。

阿道夫·霍尔（Adolf Holl）

2112

百年后的宗教

未来两大趋势一直备受争议：贫富差距拉大将在全世界范围内深化，富人将倾向于无神论，穷人则更加虔诚。

因为穷人往往生养许多孩子，而富人却不这样，所以百年后的世界将比现在更加虔诚。

这是剑桥大学 2004 年一项题为"神圣与世俗：论全球的宗教与政治"的研究结论。研究者在 74 个国家发放了调查宗教偏好的问卷，并将调查结果与当前人口增长、工业化程度、教育水平、医疗保健等数据进行相关性分析。统计结果值得研究，早已褪去热度的争论仍值得深思，毕竟这不是睡前读物。到底研究结果是否令人满意，这取决于人们对待宗教问题的不同态度，所以这样的研究相当于没有什么进展，就像猫咬着自己的尾巴一直原地打转。大多数宗教学研究者都是不可知论者，但我不是。我懂得，身为专家要关注自我的内心想法，尤其事关回答最隐秘性的问题时。

在上述研究的调查问卷中也问到了这样的问题：上帝在受访者生活中的重要性。与之相关的是 "内在的最内在"（interior interiori meo），正如奥勒留·奥古斯丁所表达的那样。他将自己最隐秘的心思意念公之于众，其座右铭是：把一切都说出来，就像面对国家安全局的审讯一样。奥古斯丁在写下他著名的《忏悔录》时,是天主教教会的主教,属于官方人员。与这位教父相比,这个针对未来宗教的问题显得非常实事求是,力求客观,无关政治。

一开始,这项研究将纽约双子塔的恐怖袭击作为主要问题,对安全的需求成为当今及未来世界价值观星空中的恒星。虔诚的提升可能会给全世界带来威胁,这给预测的图景增添了怀疑的色彩,对于负责国家安全的官员来说也是如此。2112年,关塔那摩这种类型的监狱是否还有必要存在?如果是,那么该在哪里?针对谁?

带着这些想法,我来到了想象的国度(但愿这里是有成效的)。首先,我愿沙特尽可能和平地过渡到能够接受麦加对于信徒与非信徒来说都没有区别的朝圣之旅。我也欢迎基督在地上的另一位代言人出现,这不是反教皇,而应该设置在圣保罗,靠近外邦人的使徒,对伏都教和五旬节派能心存宽大。此外,下一任达赖喇嘛应该继续居住在拉萨,主管中国的灵性价值观。

对未来女性的社交形式问题不可避免地使我陷入尴尬。到目前为止,至少5000年以来,女性都被禁止踏入政治、文化、宗教权力的中心。这种秩序的修正恐怕百年后也不会成功,即使抽样调查显示这个问题能被解决。女主教们将按照拿萨勒人耶稣之前告诉她们的那样,跟诵祷文,这也能成就她们的职业生涯。当然这并未提及关于女性侍奉上帝的独特性。亲切的女教师们最多还会将小学生引入那痴迷男权的珍奇屋,答复他们关于全知的上帝之眼、地狱的魔鬼、祭祀的权杖、国王的冠冕、将军的制服还有犹太人的六芒星的故事。而这一切曾经对人们来说都很重要的事情，孩子们都会问到。的确，非常重要，老师们还会解答。

阿道夫·霍尔（Adolf Holl），生于1930年，神学和哲学博士，享有宗教学领域学术教学权，1953—1965年担任天主教牧师，之后成为作家。

乌利希·瓦特（Ulrich Walter）

2112

世纪奇观

最后 25 天

2123 年 5 月 10 日，菲利克斯·克莱默深深吸了口气，春天温柔的空气穿过他的鼻子，他觉得这真是完美的一天，今天就要开启一场特别的旅行了。他手里拿着行李箱，在房门前转过身，瞥了一眼虹膜相机，在其识别出他的个人身份后，随着他一声令下"锁"，门立即从四围锁闭，他就这样吹着口哨，溜达到只有 100 米之遥的接送点。

毫无疑问，菲利克斯是个幸运的家伙，尽管他为了这眼前的冒险也投入了一大笔财产，但他是 15 名被选中的地球公民之一，他们将被赐予体验我们太阳系近百年才发生一次的世纪奇观。天哪！身为一名天文爱好者，他一定比谁都珍惜这次机会。尽管要花巨额费用，但仍有成千上万的人申请这次太空之旅。起初，约 10 年前，当媒体第一次报道这种可能性的时候，首席座位售价仅 250 万沃克斯（1 个世界货币单位 = 0.031415 € = 0.002540$）。这个价格仅在 18 个月内就蹿升至 1360 万沃克斯，而第 13 个席位以将近 1500 万沃克斯的价格赐予了王明明，一位来自中国的氢气大亨；第 14、15 个席位则以初始价格进行抽奖，而菲利克斯就是这两位幸运赢家之一。

菲利克斯坐在只有 6 个人的接驳巴士上，途经两站前往埃因霍温，欧洲最大的机场，这里负责西北大陆的大部分地区，也就是以前的西德、比利时和荷兰。从那里他将直接飞往美国新墨西哥州的太空港，西半球太空商务旅行的宇航站。尽管在 21 世纪初期，美国人凭借着"维珍银河"成为太空旅行的先驱，但位于香港与上海之间的沿海城市福州坐拥的亚洲航天港，在 21 世纪 70 年代就将航天排名第一的美国人甩在身后。

菲利克斯以几乎躺着的姿势，在超音速飞行中享受着前往新墨西哥州的几个小时。随着 21 世纪 40 年代油价爆炸式增长，全球飞机及汽车燃料逐渐从煤油转变为氢能，冲压式喷气发动机也开始在洲际飞行中广泛使用，这使得超音速飞行在 60 年代复兴起来。菲利克斯打起瞌睡，脑中又浮现出过去几个月的一幕幕。他仍然无法相信这个奇迹，在 25 万名申请者中，偏偏抽中了他那最后一张票，通过网络电视全球现场直播，他赢了。

但就在这幸福时刻之后，有个问题困扰着他：他的身体状况到底能否进行太空飞行。为了弄清这一点，他必须像过去这 100 年中每个严肃的太空旅行申请者一样，先进行体检。然而，离心运动并不是那么关键的，据说公众在过去很长时间一直认为这几乎能把人脸撕碎（这种传说曾被无知的媒体大肆渲染）。LBNPD 测试（下体负压测试）对于太空飞行录取才是决定性的。通常测试者下半身要装进一个透明的小真空室（业内人士也称其为"白雪公主的棺材"），来测试在经过启动时的短时重力加速度负荷以及再次进入大气层高达 6g 的负荷时，体内循环是否能够撑住而不会崩溃。菲利克斯觉得这超级搞笑，因为他作为沙发马铃薯一族竟能毫不费力地通过测试，而很多竞技运动员却因其固有的直立体位问题而失败了。当第一位美国宇航员约翰·格伦在 1998 年以 77 岁的高龄再次乘坐航天飞机飞向宇宙，并且 21 世纪 20 年代越来越多的人开始太空旅行之后，公众和媒体才逐渐醒悟，其实想要飞向太空，身体状况不必要求有多么好，其实有个厚厚的钱包和一点点运气会重要得多。

准备工作中最重要的事肯定是两个月的培训课程，菲利克斯必须在德国科隆－波尔兹完成。科隆－波尔兹的前宇航员培训机构 EAC（欧洲宇航员中心）于 30 年代曾被维珍银河公司果断收购，更名为"太空训练中心"(Space Training Center)，用于测试其欧洲客户的太空飞行能力，并且这里也是一个任何人都能进行宇航培训的体验乐园。之所以能有这样的收购，是因为欧洲航天机构 ESA 在 20 年代曾隶属于世界最大经济体欧盟之下，而在 2025 年国际空间站项目结束后，由于一直没有新的载人航天计划，欧盟欲将其关闭。不同于美国、中国和 80 年代以来的印度这些航天大国，欧洲面临着老龄化社会带来的如财富保值等诸多问题。

在英国教官、法国教官以及颇有经验的俄罗斯教官的带领下，菲利克斯在速成班中学到了宇航的要领：起飞和着陆时如何处理宇航服以及对于他的旅行至关重要的所谓的 EVA（舱外活动＝太空漫步），但同时也需要应对一些人本身的问题，比如失重引起的太空病，这个必须学习。

太空病，光这个词本身就能让一些人拒绝飞入太空。太空病无非是一些症状的统称，如恶心、头痛、背痛或消化不良，全世界约有 70%~80% 的太空旅客显示出这些症状。但是，太空医生早就可以利用药物对其较好地控制，并且最迟在飞行两天后，人体自身也可以适应失重。总之不必这么大惊小怪的。

最后 24 天

菲利克斯傍晚时分抵达美国太空港。一切都由主办方太空探索集团 (Space Exploration Inc.) 安排得非常完美。那些只想短程"太空飞跃之旅"的人们驱车前往"欢迎太空酒店"(Welcome Space Hotel)。这样的航班每周三、周六起飞，110 多年来，这对于维珍银河公司来说就如同面包黄油的业务一样。承载约 50 人的航天飞机被飞机底盘送至 15 公里的高度，从那里飞机将以 45° 爬升至 110 公里高，在大约 50 公里的高度，航天飞机将漂移至稍微超过官方 100 公里太空界限位置的一条抛物线轨道上，在历经约 15 分钟的失重后，又滑落回来。这样的亚轨道飞行仅持续一两个小时。这种兴奋刺激不仅仅在于体验独一无二的失重经历。另外，尤为重要的是，旅客能够拿到证明其上过太空的官方证书，越来越多的人将其摆在客厅的显眼位置，这是这群目前还尤为特殊的群体的地位象征，地球人都当刮目相看。

由于众多旅客在过去超过百年的时间里，如朝圣一般赶往新墨西哥州，这样一次航班的费用从起初 2013 年的 20 万美元下降到 2020 年的 25000 美元。人们把这样的太空旅客称为"飞跃客"，他们只是三等太空旅客，因为按照最初的航天规定，他们虽然是太空飞行者，但还不算宇航员，只有至少绕地球飞行一圈（即完成所谓的轨道飞行），才能升级为宇航员。

每周大约有 10 名崭露头角的宇航员将被送到基地的另一部分。这里的宇航套房不算真正意义上的酒店，而是平顶别墅风格的豪华单人套房。这些二等太空旅客在接下来的两周内将满心期待着人类梦寐以求的景象，能从太空酒店享受地瞭望整个地球，只要你想看，通常可以欣赏一周。

21 世纪上半叶太空旅游业的兴起

太空探索集团，简称"SPEX"，是 21 世纪全球领先的太空旅游公司。它由多家美国商业航天公司合并而成，为了发展全方位的太空旅游业务。在最初的 2013—2030 年间，他们开发了第一批太空飞跃号，以维珍银河的身份开辟了太空旅游业的先河。与此同时，受前美国宇航局 NASA 所谓的 COTS 计划补贴的商业航天市场发展起来，旨在保障空间站的准入与供给。这促进了太空 X 公司（SpaceX）的诞生，它由后来非常知名的 PayPal 创始人埃隆·马斯克（Elon Musk）创立，该公司与猎鹰重型公司（Falcon Heavy）

合作制造了重型火箭，当时只为配给国际空间站使用。2029年，太空X公司与开发了八人座载人商务航天运输机"梦想追逐号"（Dream Chaser）的太空戴福公司（SpaceDev）融合，二者合并后，猎鹰重型火箭载着"梦想追逐号"升空，使多人绕地轨道太空旅行成为可能。

拉斯维加斯的毕格罗航天公司（Bigelow Aerospace）正翘首以待，该公司于1999年由酒店大亨罗伯特·毕格罗（Robert Bigelow）创立，其梦想就是建造太空酒店。在他的第一个原型"创世纪I & II"（Genesis I & II）之后，2015年他又成功开发了180立方米的巨大桶形"太阳舞者模型"。但他的问题仍然存在：如何能使尽可能多的旅客入住他的太空酒店呢？直到2031年，太空X、太空戴福和毕格罗航天公司三者合并为大太空X公司（Big SpaceX）时，商业模式才丰满起来：即针对所有人的涵盖太空飞行及太空酒店度假的全程服务。但直到SPEX的成立，也就是维珍银河与大太空X合并成今天的太空探索集团，美国的太空旅游业才发展为大型产业。因为现在人人都可以从美国的太空港出发，进行亚轨道或绕地轨道太空飞行。随之而来的大减价也是势不可当的，因为亚洲出现了中国航天公司"天梯"。2035年以来，它作为中国国家航天局CNSA的分支机构也开始经营太空旅游航班，并且在福州建设了自己的太空港。

菲利克斯及其他5名太空旅客即将成长为一等宇航员。当然，必须承认的是，离开地球引力场并拜访其他天体，这种奢侈的旅行对于22世纪还为数较少的高级宇航员来说是有所保留的，因为依人们能够接受的旅行时间来看，实际上只能飞往月球。

这些航班的准备计划已持续了3个多星期，接下来是为期3天的休息期，用来适应时差。之后，这5位高级宇航员将以"飞跃客"的方式来初次体验失重，这可谓是免费的奖励，这样的经验对他们来说是非常重要的，因为在航天飞机滑翔回落的时候会产生4.5g地球重力。他们可以预先感受一下6g该会如何，这是他们日后飞月之旅再次进入大气层时所必须承受的，也是他们在几天后将在离心机中训练的。

最后20天

距离起飞还剩不到3周了。为期10天，乘坐火箭飞向宇宙深处，这已不再是"太空飞跃之旅"了。2123年，太空旅行在保险条款中被列为"极度危险的活动"。为太空飞行购买保险，这是保险公司不能回避的。价格相当之高。要计算成本其实也很容易：根据以往上千次的飞跃之旅，评价太空航班可靠性的事故率已从起初的1:100下降至1:2000。换句话说，早期航班100次能有1次致命航班，正如以前美国人的穿梭班机的风险概率一样，而2123年这个风险已降至每2000次航班才会有1次致命之旅。与之相应，100万美元寿险保额的保费从最初的15000美元降至750美元每人（2012年价格）。然而，飞向太空深处的航班则完全不同。因为只有非常少的人登上了月球，所以对此的保险还非常保守。这意味着，此类保险通常无法签约，因为保费几乎与保额一样高。

菲利克斯实际上已经了解了每一个手势动作，这是必须学会的。教官与我们的太空旅客日复一日、一遍又一遍地学习飞行中的一切危险情况，以便每个人都知道生命保障系统是如何运作的，以及发生可能的紧急情况时该如何应对。尽管机组成员里有一名指挥官、一名机长和宇航员老将，他们对一切都游刃有余，但在紧急情况下，会有很多不可预见的事情发生，因此每个人都必须知道该做什么。

每天培训 6 小时。在航天飞行初期就为人熟知的离心运动，也属于培训的一部分。但这并非如很多人认为的那样要测试宇航员在太空中的耐力，而是关乎在起飞和返航进入地球大气层时身体的抗压能力。那时的加速度将为地球引力的 6 倍，但这对于身体循环脆弱的人来说，如今也不是什么大不了的事。原则上，离心运动不过是测试循环衰竭的。6g 的负荷可能首先造成视网膜失灵，也就是会影响视力（出现所谓的隧道视觉或者干脆昏厥），循环能力较弱的人甚至会出现无意识状态。然而，总有办法可以对付它们。菲利克斯学习到可以通过收紧腹部肌肉来使被 6g 负荷压迫下沉的血液再次被压回头部，以始终保持头脑清醒。这样做绝不会有害健康，这仅是一个练习的问题——是一种有趣的自我体验。虽然菲利克斯同所有欧洲的太空旅客一样，已经在科隆 - 波尔兹的太空训练中心成功通过了 6g 负荷测试，但只有那些在美国这边再次通过测试的人，才被允许飞行。

最后两天

到目前为止，一切都很顺利。直到像 SPEX 公布的那样，还有几件小事需要处理。据说之前就已经出现过几回太空服泄漏的问题，但是现在已经换了太空服，一切顺利。尽管如此，菲利克斯仍然感到一种不舒服的感觉，但他马上又摇了摇头。"极度危险的活动"，去还是不去？他很久以前就已经考虑了所有可能遇到的危险，并下定决心飞行。他可以现在再说"不"吗？算了，闭上眼睛，拼了。他又适应了新换的太空服，并且进行了 2 帕的超压测试。通常 1 帕就够了，现在肯定更安全了。

启程日

2123 年 6 月 4 日星期三，9 点 53 分。菲利克斯无法相信，现在已经到了这一步。他坐在座位上，安全带系得很牢，与另外 5 名太空旅客和 2 名职业宇航员一起，盯着前方的起飞跑道。与航天飞行初期不同的是，150 年后人们可以像起飞一架普通飞机一样水平升空，而不是在火箭上垂直发射。这叫 HTVL，水平起飞，垂直着陆。飞行器实际上由两部分组成。最底层的是基于高超音速技术的吸气底盘，这种技术在 21 世纪中期才达到成熟。发动机的吸气能减轻氧气罐许多重力。第二部分则位于底盘上方，在 30

公里高度时点火，载着乘客飞向250公里高的绕地驻留轨道，在那里菲利克斯将停留至少40分钟。

倒计时开始……10-9-8-7-6-5-4-3-2-1-0，所有引擎启动！这时发动机每秒喷射出半吨燃料，并释放出200吨的推力。这些菲利克斯总在电视上带着惊奇看到的，如今他正亲身经历。航天飞机像火山一样震动起来，其加速度给座位上的全体乘员带来了2g负荷。飞行器起飞了，并陡峭地爬升，越来越高。20分钟后达到了30公里的高度，上层飞行器被释放。下层自动飞回美国太空港，而上层则载着乘客以近3g的加速度向着绕地轨道飞行。这一时刻就是菲利克斯在离心机里训练过的。他意识到，他的视野因负载的体内循环而受到限制。通过反复收紧腹部肌肉，他试图将更多的血液压回大脑，事实上，他的视野也随之开阔起来，他又能看到一切是彩色的，甚至感受到了之前没注意到的色彩。当上层飞行器飞了5分钟之后，发动机关闭，自由飞行漂移到目标轨道。

菲利克斯很兴奋，但也有些困惑。他此生第一次感受到这种新奇的感觉——失重。身体不再有负担，他享受这种无忧无虑的感觉。另一方面，他的头也感受到了一种不适的胀感。在失重状态下，他的体液"向上"转移，这引发了他头部的超压和鼻子的肿胀。菲利克斯现在明白了，为什么所有太空旅客都要对着鼻腔喷雾发誓了。往两个鼻孔中喷了几下之后，他才能再次自由呼吸。

飞向月球

　　自由飞行半小时后，抵达驻留轨道。发动机短暂点火就够了，上层飞行器在 250 公里的高度环绕地球。就算只为了眼前正展开的地球美景，菲利克斯也愿意花钱。在美妙的宁静与单调下，地球在他下方渐渐远去。在紫红色大陆澳大利亚的上方，菲利克斯抽出他的照相机，将这无与伦比的景象定格。但他没有太多时间。在检查片刻之后，发动机重新点燃，这一次向着地月转移轨道进发。这时，航天飞机转动方向，奔向月球。菲利克斯知道，从此刻起，无论发生什么，都没有回头路了。

　　按照不可改变的、上天注定的天体动力学定律，飞往月球需要两天半的时间。这一点自 20 世纪 60 年代第一次探月以来就没有改变。但这看来似乎无用的时间也有其魅力。因为一边的地球逐渐变小，其细节逐渐模糊，另一边月亮的脸庞，在满月之前闪耀着美丽的光辉，逐渐变大，你能分辨出更多更小的环形山。

　　完成得很顺利，航天飞机寂静无声地转入绕月轨道。遗憾的是，这地球上永远看不见的、臭名昭著的月球背面，什么都看不清。因为此时太阳正好在月球的后方，这里漆黑一片。当飞到月球背面中央的时候，指挥官下达指令，点燃引擎，使航天飞机绕着月球按照圆形轨道飞行。这样的绕月飞行给了全体乘员时间，为下降到月球做好准备。当再次飞到月球背面中央的时候，绕月飞行指令解除。在阴暗的漆黑中，着陆器慢慢地朝着月球表面漂移。

飞行了一刻钟后，太阳在月球的地平线上升起，现在能够清楚地看见月球表面周围了。又过了一刻钟，在距离月球表面只有10米的时候，指挥官操纵着陆器慢慢地抵达月球站的着陆点。

着陆

着陆的时候有点刺耳，也许是因为这次奔月飞行本身对于指挥官来说还并不熟悉。在着陆点，菲利克斯还看到了另外两艘着陆器。一艘着陆器上，联合国的蓝白色徽章同月球基地上的一样引人夺目，象征着人类在月球上永久存在。目前有21名职业宇航员在月球站工作。另外一艘着陆器是中国航天公司"天梯"的，载着8个人几小时前刚刚着陆。

月球基地延伸出连接着陆器的通道，你能觉察到其对接时的轻微响声，这可以让旅客们不用穿太空服抄近路就能从着陆器走到月球基地，就像从车库走到家里的公寓，全体乘员就这样抵达了月球基地的休息室。在这里，按照最古老的航天传统，他们受到了面包和盐最诚挚的欢迎。

现在是星期天，6月6日，盛大奇观将在3天后开始。出发的行程是特意要提前3天的，为了留一些缓冲的时间，以防在启动着陆器时一旦出现了技术问题，行程会被推迟。此外，这3天在月球上的探索，这种"光荣的孤立"，正如最早的一位阿波罗号宇航员说的那样，荒芜月球风景的魔力，能令每一位探访者神魂颠倒。单就月球上行动的轻便性这一点而言就足以说明了——人在月球上的重量只相当于地球的六分之一，因此月球上最高的跳高纪录是 6.25 米。当然，每个登月者也都尝试着想看到中国长城……当然，就算借助为此特别设计的望远镜也是不可能看到的。在月球上能看到中国长城这个谣言，真算是航天史上最古老的神话了，并且还一直顽固地持续到了 22 世纪。

除了这些独特的体验之外，月球上的每个人都只等待着那一天，2123 年 6 月 9 日。

奇观开始

这一天终于到了。在统一世界时（UTC）3 点 48 分，月球基地旁的太阳临近其轨道顶点。所有的月球居民都穿着太空服，来到基地前，透过向下折叠的夜视镜，朝地球的方向望去。由于月球表面缺少大气层，太阳正位于地球旁时与位于其他位置一样闪亮。所以，我们的好奇观众还带来了迈拉牌的镀铝薄膜，像在地球上观看日食一样，把薄膜举在夜视镜前。在 UTC 5 点 02 分，所有人都拭目以待的时刻开始了。从月球上看去，直径大约只有地球五分之一的太阳完全消失在地球背后。观众们放下了日光滤镜，降服于这眼前正上演的太阳系独一无二的盛景。因为与地球上看到的日食不同，月球不再笼罩于一片幽灵般的夜色当中，而是渐渐地浮现出淡黄，最后变成深红。

当地球居民正兴奋于这般月食时，对于月球旅行者来说，这个过程完全是以另一种壮观的方式呈现的。尽管太阳已经消失于地球之后，日光透过薄如蝉翼的大气层时会发生弯曲，以至于仍有少量光线可以抵达月球表面。在太阳光穿过地球大气层时，蓝光被吸收，所以在开始光线稍微弯曲的时候，黄光抵达月球，而在进一步弯曲时，只有红光能抵达月球。所有的月球观众都体会到了，当太阳逐渐沉没的时候，地球的左边缘是如何迅速变暗且逐渐变黄的；同时，与大气层相接的地方则变得更暗，并且已经泛红。

这正是菲利克斯所能观察到的。53分钟后，这壮观的景象达到顶峰。太阳现在正好位于地球身后的正中央，这正是这个"世纪月食"的特别之处。此刻漆黑的地球周围均匀地环绕着神奇的深红色光环。在宇宙的黑幕下，地球悬浮在这血红的光晕中。这超自然的美景将菲利克斯深深迷住。慢慢地，很多分钟以后，光圈不再对称，右边缘开始变亮且泛黄。总共106分钟后，奇观结束了，太阳从地球身后钻出，同起初一样闪烁着耀眼的光辉。

多么壮观啊！身为一个人，菲利克斯被深深震撼。身为一名天文学家，他也深知这场奇观所表达的宇宙独特性。月球不能与行星的位置太远，而这个行星又必须有浓密的大气层。此外，还要有高等的智慧生命能够有意识地观察这一奇观。偏偏是我们，地球上的居民，被赐予了这样的宇宙偶然性，才能欣赏地球在月食时的独特景象——前提是我们要经营航天产业，但这在22世纪是理所当然的。

乌利希·瓦特（Ulrich Walter），1954年出生，慕尼黑工业大学宇航技术专业教授，其研究重点是太空实时机器人技术、星际通信技术、行星勘探技术与系统建模及优化。1993年，他参与D-2航天任务（太空实验室），担任宇航员。他著作颇丰，也为国际期刊撰写专业文章，并主持巴伐利亚电视台和国家地理频道的科学节目。

格奥尔格·鲁伯特（Georg Ruppelt）

2112

谈判：
一则 2112 年的侦探故事

向弗兰茨·卡夫卡及其1912年诞生的小说《变形记》深深致敬。

2112年5月25日下午,当格里高尔·汉萨从安静的睡梦中醒来,他正躺在一群看书、写作、作曲、搞全息影像和打着瞌睡的小伙子和男人中间,在汉堡阿尔斯特外河的海滨,准确地说,在性别区X。这个区域位于性别区Y(女人和小女孩)和XY(女人和男人)中间,这些区域地下卫生设施和购物装备齐全,从5月到9月,这里客流量很多,入场费都一样,这是显而易见的,每个成人一枚宇宙币,14岁以下儿童免费。

爱的奇迹

50年前,人们按照当时刚30岁的新任第一届女市长西尔瓦·科恩 – 瑞克麦斯(Sylva Cohn-Rickmers)的规划设置了这些区分性别的性别区,而这也基于汉堡民众及其国内外游客的呼声。多年以来,欧洲显露出一种渴望回归到20世纪和21世纪初期流行的"放荡主义"中的趋势。大约2066年的时候,人们对那部全息电影《爱的奇迹》议论纷纷,其导演自称"奥斯瓦尔德·科勒－重装上阵"(Oswald Kolle-Reloaded)。在电影适度紧张的框架情节中,科勒－重装上阵试图传达的信息可以总结成一句名言:"一切都毫无遮掩的地方,就没有什么可发现的了。"这部电影获得了巨大成功,并且出了多部从美学层面看来依然平淡无奇的续集。

这样的视角受到了大批汉堡穆斯林的赞赏,这并不稀奇。电影的成功也完全反映了大多数民众对于情欲和爱这个主题的看法。就连学校也相应开设了社会学与生物学相关学科的性别特定课程,并且受到了好评。所有这些都不是强制性的,也并非只推荐这个或那个,而完全就像那位无党派的第一届女市长在其关于普鲁士弗里德里希二世的优秀博士论文中所说的那样:"在汉堡自由汉萨城,每个人都可以按照个人的生活方式变得幸福。"

阿尔斯特河边宽敞的露天游泳池也在这一时期建立,多亏了自由汉萨城明智成功的经济政策,汉堡的内陆水域能够长久以来在生态方面毫无瑕疵。正如很久以前,广受爱戴的市长克劳斯·冯·多楠依(Klaus v. Dohnanyi)在1983年7月20日的《汉堡晚报》上所预言的那样,要在2003年能划着帆船从贝格多夫到布兰肯内瑟——这实际上已成为现实。

自21世纪20年代以来,温和的气候变化使酷暑寒冬也成了北欧海岸的规则。这样的变化显然不是地球国家的功劳,这些国家面临着看似威胁的气候变化时,开了无数次气候保护大会，但依旧无功而返。不同的反复无常的太阳活动才应该为对人类有益的气候偏移负责，并且这也向经常举止过分异常的人类显示了人类狭隘的界限在哪里。

格里高尔·汉萨

还是回到格里高尔·汉萨，在我们故事开始的时候，他在阿尔斯特河激烈地游了一小时的泳后，裹在浴巾里睡着了，刚刚醒来。汉萨原本不叫汉萨，他的姓其实叫汉森。但这位29岁的成功媒体学者和记者出于对家乡的热爱，起了一个与家乡相同的名字，这令他的父亲很是高兴。他父亲主要的工作是税务检查员，但他真正热爱，甚至痴迷的却是日历或者说所有日历的历史记录。这份热爱，汉萨还应该归功于他的名字呢。顺便说一句，他父亲在多年前还被选为1897年成立的"天生汉堡人俱乐部"主席。

格里高尔的姓氏选择（他的笔名"汉萨"，同时也是他植入左脚的电子护照名字），极大程度上对他事业的成功产生了积极的影响。汉堡人，无论是地地道道的汉堡人，无论其家族谱系或长或短（几代人都在汉堡定居或者仅父母在汉堡出生），还是自己是在汉堡出生的，或者刚在汉堡生活了十来年操着外地口音的人——所有汉堡人，无论哪一种，都自始至终对家乡有着深厚的热爱。正如当地唯一的区域性报纸报头的座右铭"心中有家乡，拥抱全世界"，该报纸2112年时还在真正的纸张上按需印刷。像这个年轻人一样,一个腔调纯正又叫"汉萨"这个名字的人,按照大多数汉堡人的想法,这样的人不可能不是汉堡人。

格里高尔·汉萨喜欢给这份刚提到的传统报纸写作,但是他通常活跃于"我在"的感悟频道,在这里他也赚了很多很多钱。他那不同感官层面的信息传达,客观中肯又感人至深,受到了不同社会阶层读者的热烈欢迎。这个频道因他而成了一家极具风格的最成功的商业公司。此外,格里高尔·汉萨清正廉洁、反对腐败,他对恶劣阴谋有着敏锐的嗅觉,并常常亲自揭露曝光,这又为他赢得了"鼻子"的绰号。

然而,有时他也为汉堡周边其他媒体撰稿,当然是用化名,因为他这种"私通"对于向世界开放、同时又极其多疑的汉堡人来说是很难被原谅的。为什么这样呢?现在,汉堡是2112年,联邦制,几十年来是一座政治和行政岛屿。这个将做简要解释,因为年轻的读者对于21世纪的历史事件可能不像老一辈那样信手拈来了。

新德国

自2046年以来,自由汉萨城汉堡被一个名叫"北波罗的海州"的联邦州包围,其大都市是汉诺威。就是联邦德国的宏观架构开始变革的那一年,之前的16个联邦州现在只剩9个。下萨克森州、不来梅州、石勒苏益格－荷尔斯泰因州和梅克伦堡－

前波莫恩州试图纳入汉堡并形成一个共同的联邦州。但是汉堡不愿放弃其作为自由汉萨城的独立性，就连成为新联邦德国首都的这种提议都无法改变汉堡人的基调。人们在汉诺威庆祝德意志联邦共和国的重组，更确切地说是在戈特弗里德·威廉·莱布尼兹图书馆，正好赶上全能型天才莱布尼茨400年诞辰。我们想借此机会简要回顾一下这年代久远的政治社会史实。

66年前，2046年10月3日晚，女总统玉茨古尔·席勒（Yüzgül Schiller）在汉诺威博览会的宏大的新莱布尼茨大厅为庆祝活动开幕。女总统选了那首老歌《变革之风》（*Wind of Change*）作为开场曲。50人的蝎子复兴乐队（Scorpions Revival Band）将这首歌呈现得如此感人，以至于全体观众一起合唱，直到今天，这首歌还被所有的欧洲改革运动视为赞歌。

席勒，在她基督教－伊斯兰教联盟（CIU）的陡峭的政治生涯之前，接受过书籍修复员的培训。她在开幕致辞中强调，目前联邦德国在国际社会中经济政治的强势地位，首要取决于其对科学和教育集中而强有力的促进工作。她也明确表示认同反对党在这些方面给予的支持。

如果德国新共产主义经济党（NKVD）和德国男子党（MPD）真能详细地反对由基督教－伊斯兰教联盟（CIU）、德国社会民主党（SPD）和自由绿色激进海盗党（FGR）组成的执政联盟的政策的话，按照席勒的说法，强势左翼及小型保守党派在联邦议院进行决定性投票时，会同意关于"强化和广泛促进教育、科学与文化"法律的联盟草案。

事实上，所有的发言人以及活动嘉宾（大多数人都是亲临现场，只有少数人是委派其代言人出席），其中也包括出席全体大会的国会议员，他们都对近年来的发展感到满意。此外，怡人的秋日和高规格的欢庆节目——比如参观图书馆或者在部分被人工加热的马斯湖里集体裸浴——都促进了大会的圆满成功。

B–U–C–H

从马斯湖再回到阿尔斯特河。格里高尔·汉萨醒了，或者说他被唤醒了。轻柔的竖琴声，听起来像从他大脑中央响起来的，实际上这是从他右耳后部植入的交流器上传来的，声音提示他收到了一条消息。他闭上眼睛，在视网膜上读到，有人迫切地请求他能与加布里尔·贝格（Gabriel Beger），B–U–C–H 的负责人取得联系。格里高尔在脑中确认接收消息，并且建议 17:15 在 B–U–C–H 会面，一眨眼的工夫，他就收到了愉快的确认信息。

这里必须为非汉堡人做些题外的解释，B–U–C–H 到底是什么？B–U–C–H 是"教育-娱乐-商业-汉堡"的缩写，它以拥有自由汉萨城内最具个性的宏大建筑及其内部实现的全面的文化教育理念而知名。

该建筑不同于汉堡以往的任何建筑。十年来，它矗立于此前电视塔的位置上，统领着整个城市。这栋建筑高 300 米，占地 8 万平方米，施工期间曾引发了狂风暴雨般的抗议，因为周围众多地块都要受其牵连。甚至连传统的火车站达姆城门都要付出牺牲，以实现一座地下长途火车站作为 B-U-C-H 的地基。然而，骚动已经平息，今天每一个汉堡人都自豪地领着客人来参观这宏伟的建筑。建筑的外观也向其名字致敬，因为建筑外形以令人瞠目结舌的方式模仿了那真正古老的宝藏：书（buch 在德语中释义为"书"）。

B-U-C-H 的广受欢迎使人们开始对易北爱乐厅同情起来，几十年来，易北爱乐厅一直是汉堡的地标建筑。2022 年，无休止的争吵终于止息，上了年岁的建筑急需进行全面重建，但这根本不符合年轻一代的品位，有点矫饰，甚至有点庸俗。与之相反，20 世纪七八十年代的清水混凝土建筑，坚实、清晰、诚实，广受赞誉。无数的基金会致力于保护这些建筑文物，他们其中的一个，为了保护过去的国家和大学图书馆，曾献出 100 万宇宙币，相当于过去的 10 亿欧元，来修复历史建筑群的原貌。

书籍

自从所有的公立图书馆都合并成"汉堡图书馆"后，临近 B-U-C-H 的旧国家图书馆就变成了一个著名的历史研究所，专门研究印刷和造纸。这里还设有一个常受光顾的博物馆，向人们展示从中世纪手抄本到 21 世纪报纸这令人兴奋的超过 3000 年的图书馆及书籍的历史，还有古旧的卡片箱、复印机、电脑设备，以及那些所谓的平板显示器、历史 DVD、智能手机等其他令人惊叹的东西。

这个图书馆的旧书库有不同学科领域的数百万重要的书籍。什么？印在纸上的书？在 2112 年？对！今天只有少数人知道，图书馆几千年以来保护信息的使命，如今正以把指定网络出版物制成纸质印刷品和书籍并存于书库中的形式来实现。各种各样的黑客攻击破坏总网（Intertotal）和以前的互联网，导致了大量数据丢失，人们因此决定，直到有新技术能够取代 15 世纪中期以来纸版图书的作用，就要一直采用到目前为止这种最安全的长期归档的方法。在生物、水晶或钻石基质上的长期存档虽然在技术上是可行的，但鉴于不可小觑的海量信息，其在经济上目前还是行不通的。

20 世纪末，各种声称要以其他媒介来取代现存书籍的言论引发了公众越来越强烈的反对。从那时起，读书被认为是雅致的，超过 100 岁的老人会说这是时髦的、酷的。阅读书籍和纸质杂志的人长久以来被视作精英，他们活跃于各种阅读圈，并热衷社会公益，有些还积极投身于"扶轮社"和"狮子会"这样的服务俱乐部。

所有这些教育和娱乐活动的中心是 B–U–C–H。这里有大型教育和文化机构的行政办公室及其商务供应商。这里有很多别致的书籍。在各个层面都有各式各样的满足高雅需求的提供高级专业服务的新书店和二手书店，也有提供旧数据光盘如 CD、DVD 及其播放器的。装订和印刷车间也提供他们的服务，或者你也可以支付适当的费用在这里进行培训。卡拉 OK 和管弦乐队也可以满足最挑剔的音乐爱好者的愿望。所谓艺人密室中的三维绘画与设计也备受欢迎。而且所有领域都有一个演讲角，在那里，每一个天才或者自称为天才的人，都可以用各种方式明确表达个人看法。

神经强化

对广大公众来说最具吸引力的，在经济、医疗和信息技术领域最杰出的机构，是占了四层楼的神经强化中心（NEC）。它由汉堡图书馆、埃彭多夫大学医院和多家工业公司共同经营，有最严格的医疗监督。NEC 可以对任何能够负担得起的人提供神经技术的自我优化，它可以使用户的大脑访问天上地下一切在 B-U-C-H 里存储的专有数据池，以及普通和特殊的全球总网（Intertotal）。

NEC 付费用户的效果是显而易见的：

——理解能力和学习能力提高了；
——长时记忆提高了 2 倍，并且能记住每个细节；
——身体和精神的集中能力和反应能力都显著提高；
——初期抑郁症倾向都被扼杀在萌芽中。

无论哪个研究领域的科学家，只要不想结束其职业生涯，都不可能放弃 NEC 或其他城市类似机构提供的准许大脑接入全世界电子知识库的机会。

盗窃和勒索

在这最美好的天气和初夏的微风中，格里高尔·汉萨沿着阿尔斯特河，骑着自行车向 B–U–C–H 的方向移动，伴他而行的是迎面驶过的电动汽车发出的轻柔嗡嗡声，200 年以来它们一直在宽阔的马路上如此庆祝着日常高峰时段。

在 B–U–C–H 的顶层可以看到惊人的景色，正如谣传所言，"一直能看到北海呢！"——加布里尔·贝格这样高兴地向格里高尔·汉萨问候。这两个人从小就是朋友，并且总是尽可能在工作上互相帮助。汉萨还为 B–U–C–H 及其内部的众多机构写了无数的报道，特别是关于汉堡图书馆的，而贝格也因 NEC 使用其文章为他搞到了相当合算的折扣。

贝格递给他朋友一个管形玻璃杯，自己也拿了一个。他们拧下螺旋塞，玻璃杯发出嘶嘶声，变成了一个冰冻的容器，他们享受地喝着香草冰凝汁，这个季节最受欢迎的饮料。随后，汉堡图书馆负责人说到了正题。"发生了一件很可怕的事，格里高尔，"他抱怨道，"有人把贝多芬 1802 年的《圣城遗书》偷走了！""糟糕！"格里高尔·汉萨漫不经心地耸了耸肩。"但你们肯定有复本和扫描件啊。"贝格惊愕地盯着他说。"你不懂！这是贝多芬亲笔信的原稿，是完全不可替代的，没有任何东西、任何扫描、任何全息影像、任何复本能够替代。只有原版才有原版的气息！自从我们能克隆一切，真品，也就是真正的原稿才越来越有价值。这份手稿应该在国庆日，也就是10月3日那天，在国家和大学图书馆的庆祝活动上出现，也就是在B-U-C-H这里。你知道，我们那些书籍怀旧狂们会怎样庆祝！"

"有什么线索吗？"汉萨慢慢地开始对此感了兴趣。"那还用问！"贝格怨道，"有个勒索者，他用快递寄来一封信，这样我们就没机会通过电子方式查明发件人。他威胁说，如果我们不接受他的要求，他就会毁掉手稿。""什么要求呢？""他没写。但他坚持要与你进行谈判。明晚在凯尔维德见面。""但警察可以在那伏击逮捕他啊？""我们可不想这样，"贝格转过身去，"那样的话，我们就得承认，我们不知道他是如何——哦，对了，他是个男的，他自称明天会戴一顶红色海因里希王子帽，如果你问我的话，那是相当边缘化的品位——嗯，我们不知道他是如何从图书馆的保险库里得到这件好作品的。如果这件事让公众知道了，那我们可丢脸了！请帮帮我们，明天去趟港口吧。"

"我看看我能做些什么吧。" 格里高尔·汉萨答应道。贝格松了口气，又拿了两杯香草冰凝汁，他们津津有味地呼噜噜喝了下去。汉萨随后告别，跨上自行车，若有所思地前往港口方向。

在港口

"为什么非要在凯尔维德呢?"他思索道。勒索者肯定认识他,因为格里高尔几乎天天要去凯尔维德接他的女朋友李霞,她是个美国人,在一家丹麦海运公司工作。HTC,汉堡贸易中心,作为古迹被保护起来,格里高尔喜欢这里那种废弃荒芜的氛围。在这附近是同样没落衰败的易北爱乐厅,这让他回忆起那种他没亲眼见过却在旧书本中读到过的港口的感觉。

不经意间,他就到了港口。他喜欢眼前这桅杆森林的景象。来自全世界的帆船,四桅杆、五桅杆、六桅杆、七桅杆的帆船,每天都固定在这里。60年来,水轮机支撑的快速全自动大帆船,推倒了20世纪及21世纪的巨大帆船之山,与那些古老的钢铁巨轮相比,其能耗更加经济,接近于零,速度更快,制造成本也不高,也更加环保——驾驶钢铁巨轮简直就像一场海难。

他兴高采烈地向李挥手致意,李正在阿尔斯特河上一艘老旧的灯塔船上等他,这艘船一直都把饥寒交迫的人们照顾得很好。他马上告诉了她今天这个令人震惊的故事,而他被指派在其中担任主要角色。"我们必须小心,"她立即回应道,"我会看着你们的。" 格里高尔放松下来,李是他能想到的最好的护卫了,尽管她身材娇小,但却是一个训练有素、身强力壮的年轻女子,并掌握不同的近身搏击技巧。她男朋友很明智,只在爱情战场中与李较量。

第二天，格里高尔准时现身于凯尔维德。在远处他就发现了一个矮小敦实、中等身材、满脸胡子的老男人，他正静静地望着桅杆森林——他打扮得非同寻常，一身黑色西装，黑色T恤，还有一顶红色的，对，没错，红色的海因里希王子帽。格里高尔又发现了李在几米之外的地方，就大方地向她打招呼。这真的没有什么可害怕的。

他走近老人："您想跟我说话！""啊，你好啊，格里高尔·汉萨，真高兴您能来！"老人声音洪亮，一点儿也不显老。他咧嘴一笑："您知道，为什么您的名字让我想起弗兰兹·卡夫卡吗？"格里高尔也笑了笑："当然！《变形记》啊！'当格里高尔·萨姆沙一天早上从不安的梦境中醒来……'我改姓氏的原因有两个，一个是汉萨同盟式的，一个是卡夫卡式的！"两个人会心地笑起来。"请让您的女朋友也过来吧，在美女面前谈判会更容易。"李已经朝着两个男人走来，并向老人伸出了手，老人使劲地握了握手。"我认识您。"她高兴地叫起来，"我经常在这儿港口新城汉堡图书馆的分店见到您呢！""应该没错，"老人说，"我经常在各种图书馆闲逛，他们就像我的家。"

"那您也很熟悉图书馆的保险库啦？"格里高尔问得有点尖锐。"这也有可能，"老人又咧嘴一笑，"但我还是应该先做下自我介绍，我叫格罗尔德·麦丁（Gerold Meding），我当了许多年的图书管理员，也在有保险库的图书馆里工作过。他们让我们上那艘漂亮的旧驳船，然后开船去芬肯维尔德。我喜欢这些老式船只，今天天真好，我们到顶层甲板上细说吧。"

在船上

大家上了船，入口处的扫描仪确认每个人都有全年通票，电动驳船无声地沿着易北河顺流而下。当大家在顶层甲板就座，并对阳光、港口、好空气、汉堡和航船都统统赞美一番之后，格里高尔·汉萨没有多余废话，直奔谈判主题："您想要什么？钱？对于您，我可无法想象您会这样，您都已经有了马……"

"您是对的，汉萨，"麦丁的回答像枪里的子弹一样直接。"我不愿富有地死去。但我想要的是，图书馆和类似的机构设施能供所有人使用。我想要接受教育和获取信息不用取决于自身或父母的资产。更具体地说，我想要每个人都能轻松访问 NEC！这不是社会主义，这是纯粹的人权和健康的人的理性——并且非常有用！我们怎么会知道，有哪个天才，本来能够推动人类进步，但却因没有钱而被教育拒之门外呢？——嗯，简而言之，您可以带着这个带有我指纹的码带，去中央火车站的行李寄存处，从行李保管柜中取出贝多芬的手稿，如果您能向我保证，您和您的女朋友会为了这个目标竭尽全力的话。

我相信您，您很正直，如果我的了解正确，到目前为止，您还从未屈服过。如果我可以在 10 月 3 日受邀，能允许我针对'免费访问信息'这个主题公开讲几句的话，我会非常高兴——但这个不是条件。"

格里高尔和李很兴奋，两人站起来，紧紧地拥抱老人，然后一个从右、一个从左在他的灰胡子上送了一个吻。老人家用干涩的声音回应："谢谢，孩子们，老图书管理员也需要爱啊。"

"对他们来说，这就像是对新的梦想和美好愿望的确认，就像他们抵达目的地时，女儿第一个起身，舒展她年轻的身体。"

格奥尔格·鲁伯特（Georg Ruppelt）自2002年以来一直担任汉诺威的戈特弗里德·威廉·莱布尼茨图书馆馆长，著有关于《德国国家社会主义中的席勒》的博士论文，在汉堡和沃尔芬比特尔的科学图书馆中任领导职位，职业和文化政策公职，阅读基金会主席。2005年荣获联邦十字勋章，在文化历史、新闻和文学领域著作颇丰。

出品人：许　永
责任编辑：许宗华
特邀编辑：何青泓
责任校对：雷存卿
装帧设计：海　云
印制总监：蒋　波
发行总监：田峰峥
投稿信箱：cmsdbj@163.com
发　　行：北京创美汇品图书有限公司
发行热线：010-59799930

创美工厂
微信公众平台

创美工厂
官方微博